"十四五"职业教育国家规划教材

管道焊接技术

GUANDAO HANJIE JISHU

● 高艳华　姜海军　主编 ● 王久龙　主审

U0284398

化学工业出版社

·北京·

本书以培养德智体美劳全面发展的社会主义建设者和接班人为目标，注重课程育人，有效落实"为党育人、为国育才"的使命。

本书主要讲述压力管道焊接生产技术，包括压力管道的基础知识，管道金属材料及焊接制管的方法，工业管道焊接及检验技术，长输管道焊接的工艺方法、焊接设备、工程案例及施工验收标准、管道焊接安全知识。本书旨在淡化理论，突出实用，书中许多工程案例均来自生产一线，可供实际生产参考。本书每章后都附有复习思考题，供复习选用。

本书可作为中等职业学校焊接专业教材，亦可供从事管道建设专业工作的技术人员参考。

图书在版编目（CIP）数据

管道焊接技术/高艳华，姜海军主编. —北京：化学工业出版社，2015.5（2024.2 重印）
中等职业教育改革发展示范校建设规划教材
ISBN 978-7-122-23290-8

Ⅰ.①管…　Ⅱ.①高…②姜…　Ⅲ.①管道焊接-中等专业学校-教材　Ⅳ.①TG457.6

中国版本图书馆 CIP 数据核字（2015）第 047332 号

责任编辑：高　钰　　　　　　　　　　文字编辑：陈　喆
责任校对：王素芹　　　　　　　　　　装帧设计：刘丽华

出版发行：化学工业出版社（北京市东城区青年湖南街 13 号　邮政编码 100011）
印　　装：北京盛通数码印刷有限公司
787mm×1092mm　1/16　印张 11½　字数 278 千字　2024 年 2 月北京第 1 版第 4 次印刷

购书咨询：010-64518888　　　　　　　售后服务：010-64518899
网　　址：http://www.cip.com.cn
凡购买本书，如有缺损质量问题，本社销售中心负责调换。

定　　价：36.00 元

本书以培养德智体美劳全面发展的社会主义建设者和接班人为目标,引入合作企业的工程案例和正能量素材为教学内容,注重课程育人,有效落实"为党育人、为国育才"的使命。

管道被誉为工业的"动脉",管道焊接是管道建设的关键,是现代工业生产中不可缺少的生产技术,广泛应用于石油、化工、电力、锅炉及压力容器、机械、船舶、冶金建筑等各行各业及军工领域。现代工程上天入海离不开管道焊接技术,工业生产离不开"动脉"。随着国民经济的快速发展,管道焊接质量越来越受到各行各业的关注。

笔者长期从事焊接专业教学工作,总结长期的教学经验并吸取同行的宝贵经验,编写了本书,奉献给广大读者,希望能对管道焊接行业的技术进步起到推动作用。

本书共分七章,首先介绍了管道焊接的基础知识,包括压力管道受力、质量因素及管道焊接标准等内容;接着介绍管子标准、管道金属材料及焊接制管方法;重点介绍了工业管道焊接技术及验收标准、长输管道焊接技术及验收标准;最后介绍压力管道焊接安全技术,旨在保证施工安全的前提下提高管道焊接质量。

本书依据管道焊接相关国家标准编写,轻理论、重实践,实用性强,适合岗位技能培训和中职焊接专业教学。

本书有配套的 PPT 电子教案,请发电子邮件至 cipedu@163.com 获取,或登录 www.cipedu.com.cn 免费下载。

本书由高艳华、姜海军主编,王久龙主审,参加编写的还有王静、邵慧、王清晋、陈春宝、李天牧。

本书在编写过程中得到了同行的帮助和指导,在此一并表示衷心的感谢。

由于编者水平有限,书中不足之处,敬请广大读者批评指正。

编者

目录

参考文献 　　　174

绪论

铁路、公路、航空、水运与管道运输统称为五大运输业。据专家测算,管道运输是最为经济、简单的一种运输方式。其特点是运输量大、距离长、经济、安全和不间断。管道管网纵横交错,日夜输送着工业的"血液"(油、气、汽、水),管道被誉为工业的"动脉"。工业生产离不开"动脉",焊接施工是管道建设过程中重要的工艺之一,现代工程上天入海离不开管道焊接,广泛用于石油、化工、锅炉及压力容器、船舶、建筑、电力等行业及军工领域。

一、管道工程概述

这里所说的管道是指压力管道,压力管道是指生产、生活中使用的可能引爆或中毒等危险性较大的特种设备及管道。按其用途不同,可分为长输管道、公用管道(燃气管道和热力管道)、工业管道和动力管道。

工业管道具有输送压力高、温度高的特点,是压力管道中工艺流程种类最多、生产制作和环境状态变化最为复杂,输送的介质较多、条件较为苛刻的管道。工业管道所用金属材料包括碳素钢、合金钢、铝及铝合金、铜及铜合金、镍及镍合金、钛及钛合金、锆及锆合金等。各种材料都有一定的应用限制条件,其焊接工艺也比较复杂,没有一定的规律可言。

从最初的工业管道至今,油气长输管道建设经历了一个多世纪的发展。管道焊接技术的发展伴随着中国管道工程的建设过程。

1970年,"八三工程"开启了中国现代长输管道建设的序幕,9月,大庆至抚顺原油管道开建,管道建设者用牛拉肩扛的方式建设中国第一条长距离、大口径的管道。1981年,中国首次全线机械化施工的管道——克拉玛依至乌鲁木齐原油管道复线投产,至此,管道施工由手工操作为主转变为机械化为主。1985年,河南濮阳至河北沧州天然气管道开建,它是中国首次采用燃气轮机带动离心式压缩机加压输送天然气的长输管道。同年,山东东营至黄岛原油复线开工,它是中国第一条密闭输送、自动控制的管道。1990年,"石油工程计算机辅助设计在长输管道上的应用"通过鉴定验收。三维设计软件覆盖了油气储运、线路、工程测量、土建、电力、通信、机械、热工、技术经济和管理等专业。1993年,突尼斯天然气管道工程开工,这是管道局第一次在国外以总承包形式承建管道工程,并在工程中首次采用半自动焊接工艺。1996年,陕京一线工程开工。它为20世纪中国最长、自动化程度最高的天然气管道。2000年,涩宁兰管道工程开工,这是在青藏高原建设的第一条大口径、自动化天然气管道。在施工中,管道局首次尝试全自动焊接工艺。2002年,西气东输工程正式进入建设阶段，中国首次大规模采用 X70 级管线钢。2008 年，西气东输二线开工仪式举行，西二线工程进行直径 1219mm 和 X80 级大口径、高钢级、高压力、超长距离管线钢焊接工艺研究，首次应用低氢型根焊工艺。2012 年，西气东输三线工程开工仪式在北京举行，西三线首次在 306km 管段采用 0.8 设计系数。这个管段应用了国产压缩机技术、3 种防腐补口新工艺，并全面推广自动焊技术。2014 年西三线全线贯穿通气。与西一线、西二线、陕京一二线、川气东送线等主干管网联网，一个横贯东西、纵贯南北的天然气基础管网基本形成。

我国油气管道行业即将迎来新一轮建设高潮期。与以往不同的是，这一轮建设周期的管道口径更大、压力更高、输送距离更长、地质条件也更为复杂，这些对管道施工建设提出更高挑战。比如，中俄东线天然气管道单管输量要达到 380 亿立方米/年，管径须达到 1422mm，而且面临高寒地带冰原冻土等严苛的自然环境，一些新的甚至是世界级的技术难题将不断涌现，这对于管道的设计、施工都提出极其严峻的挑战。针对采用 D1422 大口径钢管对管道建设施工，管道局投入近 4000 万元展开技术攻关，在不到一年时间里研制出 D1422 内焊机、外焊机、管道挖掘机、焊接工程车、运布管器、机械化补口等系列装备 42 台套，并形成了 D1422 管道线路工程设计规范、施工方案，这将为下一步即将开工的中俄天然气通道建设提供有力支撑。据预测，到 2020 年，中国长输油气管道总里程将超过 15 万公里。

二、管线钢的发展

早期建设的管线，离中心城市较近，地理环境和社会依托条件都较优越。如今新发现的油田大都在边远地区或地理条件恶劣的地带，如美国的普鲁德霍湾、欧洲的北海油田、俄罗斯的西伯利亚以及我国的西部油气田等。随着海上油田、极地油气田的开发，高压矿浆管道和大口径输水管道，对新时期的管道建设提出了更高的要求。目前，管道工程的发展趋势具有如下特点。

① 长距离、大口径、高压输送。

② 高寒和腐蚀的服役环境。

③ 海底管线的厚壁化。

管道工程的发展离不开管线钢的发展。管道工程的发展趋势也极大地促进了管线钢的发展。

一直以来，输送管制造厂对管线材料的开发和加工的要求都是非常严格的。通常，大直径直缝焊管是用于油和气的输送，原因是它能够为管线输送提供最好的安全性，同时也是最经济的方案。从管线输送的经济性观点出发，钢管应易于在工地铺设并能承受高的工作压力。这些要求意味着管线钢必须具有高的强度和韧性，同时也意味着管线钢应具有最佳的几何形状。

高强度管线钢的发展历程如图 0-1 所示。在 20 世纪 70 年代，热轧加正火工艺被控制

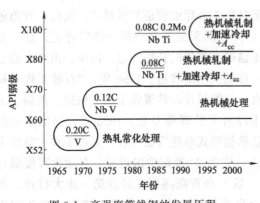

图 0-1　高强度管线钢的发展历程

轧制技术所取代。控制轧制能使以 Nb 和 V 微合金的低碳钢生产出 X70 管线钢。这种技术在 20 世纪 80 年代进一步演化为控制轧制加轧后加速冷却技术。利用这种技术可以生产诸如更高强度级别的 X80 管线钢。而且，含碳量进一步降低使材料具有更为优异的现场焊接性能。利用控制轧制和改进后的加速冷却技术并添加 Mo、Cu 和 Ni 可使钢板的强度级别提高到 X100。

如今，管线钢每年的产量约为 800 万吨，其中绝大部分属于标准材料级别。对制造厂来说，最具有挑战性的是那些管线工程提出的只有通过特殊的努力和技术才能生产出来的品种，即高强度、海底输送、抗氢致裂纹和复合钢管。级别为 X70 和 X80 的高强度管线钢目前主要在长输管线工程建设中使用。而 X90 和 X100 级别当前仍处于评估阶段。由于浅水区域的绝大部分资源已经得到钻探，所以钻井作业以及由此而进行的管线设置逐渐移至 2000m 以上的深水区域。这种管线建设所用钢管与陆地输气管线建设所用钢管是完全不同的。此外，这些钢管要求更好的抗酸性气体腐蚀能力。在高腐蚀流体的环境下，需要采用另一种复合钢管的制造工艺。这种性能相互抵触的钢管只有对冶金原理有很好的理解和最佳的应用时才能进行生产。

因此现代管线钢应当具有高强度、高韧性和抗脆断、低焊接碳当量和良好焊接性以及抗 HIC 和抗 H_2S 腐蚀。优化的生产策略是提高钢的洁净度和组织均匀性，$C \leqslant 0.09\%$、$S \leqslant 0.005\%$、$P \leqslant 0.01\%$、$O \leqslant 0.002\%$，并采取微合金化，真空脱气加 CaSi、连铸过程的轻压下，多阶段的热机械轧制以及多功能间歇加速冷却等工艺。

三、长输管道焊接技术的发展

焊接施工是长输管道建设过程中重要的工艺之一，它制约着管道建设的质量和效率。随着管道工程建设技术的不断迅速发展，管线建设和运行对安全性、经济性、管线钢的质量参数、焊接质量、焊接效率和焊接技术水平都提出了更高的要求，同时，推动了焊接材料、焊接设备和焊接技术的发展，也推动了焊接工艺和焊接方法的更新和发展。

我国钢质管道环缝焊接技术经历了几次大的变革。

1. 焊条电弧焊上向焊工艺

20 世纪 70 年代采用传统焊接方法，即低氢型焊条电弧焊上向焊接工艺。

特点及应用：管口组对间隙较大，根焊过程采用熄弧操作方法，焊层厚度大，焊接效率和焊接质量低。已不适宜在大口径长输管道的建设中应用，目前这种工艺方法在管线焊接中已经基本不用，但是在小口径管线建设和站场焊接中的填充、盖面以及管线的返修和维修时会用到。

2. 氩弧焊工艺

20 世纪 70 年代开始采用氩弧焊工艺。

特点及应用：氩弧焊焊接质量优异，焊后管内焊渣少，清洁度高；但由于其焊接速度较慢，抗风能力差，不适宜在大口径的长输管道建设中应用，而适宜在固定场所的站场建设中使用；另外在一些小口径管线中用于打底焊。

3. 焊条电弧焊下向焊工艺

20 世纪 70 年代初，中国石油天然气管道局引进欧美的手工焊条下向焊工艺，并逐步推广到大部分管道施工企业，主要为纤维素型焊条和低氢型焊条下向焊。

（1）纤维素下向焊　纤维素下向焊接的显著特点是，根焊适应性强、速度快，工人容易掌握，焊接质量好，射线探伤合格率高，普遍用于混合焊接工艺的根焊。该工艺的另一特点是，有较大的熔透能力和优异的填充间隙性能，对管子的对口间隙要求不很严格，焊缝背面成形好，气孔敏感性小，容易获得高质量的焊缝。但由于焊条熔敷金属扩散氢含量高，焊接时应注意预热温度和层间温度的控制，以防止冷裂纹的产生。纤维素下向焊是低级别主线路工程中常用的根焊方法。

（2）低氢下向焊　低氢下向焊接的显著特点是，焊缝质量好，适合焊接较为重要的部件；焊接过程采用大电流、多层、快速焊的操作方法来完成，焊层的厚度薄，焊接效率高；但工人掌握的难度较大，根焊适应性较纤维素焊条差，焊接合格率难以保证，多用来进行填充盖面焊接。它主要应用于半自动焊和自动焊难以展开的地形中施工以及管线接头的施焊。

4. 自保护半自动焊工艺

20世纪90年代管道局从美国引进了自保护半自动焊设备和工艺。

这种工艺的优点是连续送丝、生产效率高、焊接质量好，特别是自保护药芯焊丝的焊接工艺性能优良，电弧稳定，成形美观，能实现全位置（下向）焊接，抗风能力强，尤其适宜于在野外大口径长输管道施工。

该工艺于1995年首次在突尼斯工程中应用，在以后的库鄯线、鄯乌线、苏丹工程及涩宁兰、兰成渝、西气东输等管道工程中成为主要的焊接方法。其焊接合格率按焊口统计可以达到95%以上，成为目前管道焊接施工的主要方法。

自保护药芯焊丝以其特有的优越性在长输管道中广泛应用，全位置操作性能好，熔敷速度快，同时焊缝金属韧性好，但焊缝金属在焊态下粗大的柱状晶组织的出现，使得其焊缝金属冲击韧性在焊态与热处理之间、多层焊和单道焊之间有很大的差别。因此采用自保护焊丝焊接时，应严格控制焊接工艺参数、热输入量、焊接道次以及每道焊层的厚度等。

5. STT根焊技术

20世纪90年代管道局从美国引进STT根焊技术。

STT焊机是通过表面张力控制熔滴短路过渡的。STT焊接工艺焊接过程稳定（焊丝伸出长度变化影响小），以柔和的电弧显著地降低了飞溅，减轻了焊工的工作强度。良好的焊缝背面成形、焊后不用清渣及使用纯CO_2气体和实心焊丝为主要特点，其根焊质量和根焊速度都优于纤维素型焊条，是根焊的优良焊接方法。但这种焊接方法设备投资大，焊接要求严格。由于STT焊是气体保护焊，一般焊接环境的风力不得超过2m/s，在野外施工应有防风设施。

6. 自动焊工艺

随着我国管道建设高峰期的到来，增大管道的直径，在一定范围内提高管道输送压力已成为管道建设科学技术进步的标志。管道建设用钢管强度等级的提高，管径和壁厚的增大，管道运行压力的增大，这些都对管道环焊接头的性能提出更高的要求，这就需要研发高质量的焊接材料和高效率的焊接方法与之匹配。借助于机械和电气的方法使整个焊接过程实现自动化，即为自动焊。管道自动焊工艺具有焊接效率高、劳动强度小、焊接过程受人为因素影响小等优势，在大口径、厚壁管道建设中具有很大潜力。

自动焊的主要优点是：焊接质量高而稳定、焊接速度快、经济性好、对于焊工的操作水平要求低。

自动焊的种类很多，目前用于现场比较成熟的自动焊技术主要有如下三种：

① 实心焊丝气体保护自动焊接技术；

② 药芯焊丝自动焊接技术；

③ 电阻闪光对接焊接技术。

西气东输管道工程成功地采用了管道自动焊方法，大大提高了焊接质量和效率，但管道自动焊的配套设备如内焊机、外焊机、坡口机对环境和钢管要求都非常苛刻。近期，中国石油管道科学研究院和一些国外公司分别研究出了环境适应性很强的管道自动焊成套设备，在印度和俄罗斯管道工程中应用效果良好。同时，我国大型钢铁生产企业也研制出了高强度级别的管线钢，大大提高了管道自动焊水平。

7. 埋弧焊双联管技术

在中东、俄罗斯已经有较普遍的应用。在克拉斯诺达尔输油管道中应用该技术，大大减少了现场工作量，在中石油管道局承担的苏丹管道工程中曾尝试应用。埋弧焊双联管技术已在西气东输二线管道工程中应用。

四、高强度管线钢的焊接工艺

X70 钢在西气东输中大量使用（在国内是第一次）。为了保证焊接质量，管道局进行了大量的研究工作，做出几十种焊接工艺评定，满足了各种施工需要。在印度和川气东送管道工程中大量使用了 X70 钢，干线主要焊接工艺有以下几种方案。

（1）焊条电弧焊工艺　采用 LB52U（E6010）焊条根焊＋E8010 焊条热焊＋E8018（E9018）填充盖面焊接。

（2）焊条电弧焊＋药芯焊丝半自动焊工艺　采用 LB52U（E6010）焊条根焊＋E71T8-Ni1 焊丝填充、盖面焊接。

（3）STT 根焊＋药芯焊丝半自动焊工艺　采用 JM58 焊丝根焊＋E71T8-Ni1 焊丝填充、盖面焊接。

（4）自动焊（焊条电弧焊＋外焊机）工艺　采用 LB52U（E6010）根焊＋ER70S-G 焊丝使用 PAW2000 外焊机进行填充、盖面焊接。

（5）自动焊（STT＋外焊机）工艺　采用 ER70S-G 焊丝根焊＋ER70S-G 焊丝使用 PAW2000 外焊机进行填充、盖面焊接。

（6）自动焊（内焊机＋外焊机）工艺　采用 ER70S-G 焊丝，使用 CRC 或 NOREAST 内焊机进行根焊＋ER70S-G 焊丝，使用 CRC、NOREAST 外焊机或 PAW2000 外焊机进行填充、盖面焊接。

以上工艺在管道工程施工中得到了充分的运用。高强度级别管线钢，一般指 X80、X100 和 X120 等。由于随着钢的强度级别的提高，在同样输气量的情况下，管材壁厚可以减小，从而可以节省用钢量。因此，可以减少管线建设的投资费用。通常管材费用占管线投资的 25%～30%。有资料介绍，一条 250km 的输气管线，当输气量不变时，采用 X80 代替 X70，由于壁厚减薄可节省钢材 2 万吨，降低成本 7%。

在国外采用 X80 管线钢建设了许多管线，比如在美国、德国和加拿大等欧美国家在陆上管线及海洋管线均有不少使用 X80 的业绩。此外，意大利 SNAM 公司使用 Europipe 公司生产的 X80 与 X70 进行了对比研究，认为 X80 的现场焊接可以采用与 X70 相近的施工工艺。

国内在采用 X80 管线钢建设管道工程方面，也做了许多研究和开发工作。中国石油天然气管道局为此专门立项，进行各项研究和评定试验，制定出验收规范，编制出了焊条电弧焊、半自动焊工艺和自动焊工艺，在西气东输二线管道工程建设中广泛使用。

五、管道焊接质量的控制

压力管道的作业一般都在室外，敷设方式有架空、沿地、埋地，甚至经常是高空作业，环境条件较差，质量控制要求较高。由于质量控制环节是环环相扣，有机结合，一个环节稍有疏忽，导致的都是质量问题。而焊接是压力管道施工中的一项关键工作，其质量的好坏、效率的高低直接影响工程的安全运行和制造工期，因此过程质量的控制显得更为重要。根据压力管道的施工要求，必须在人员、设备、材料、工艺文件和环境等方面强化管理。有针对性地采取严格措施，才能保证压力管道的焊接质量，确保优质焊接工程的实现。

阅读材料——西气东输工程

我国西部地区的塔里木盆地、柴达木盆地、陕甘宁和四川盆地蕴藏着 26 万亿立方米的天然气资源和丰富的石油资源，约占全国陆上天然气资源的 87%。特别是新疆塔里木盆地，天然气资源量有 8 万多亿立方米，占全国天然气资源总量的 22%。塔里木盆地天然气的发现，使我国成为继俄罗斯、卡塔尔、沙特阿拉伯等国之后的天然气大国。

2000 年 2 月国务院第一次会议批准启动"西气东输"工程，这是仅次于长江三峡工程的又一重大投资项目，是拉开西部大开发序幕的标志性建设工程。"西气"主要是指中国新疆、青海、川渝和鄂尔多斯四大气区生产的天然气；"东输"主要是指将上述地区的天然气输往长江三角洲地区。"西气东输"是我国距离最长、口径最大的输气管道，西起塔里木盆地的轮南，东至上海。全线采用自动化控制，供气范围覆盖中原、华东、长江三角洲地区。东西横贯新疆、甘肃、宁夏、陕西、山西、河南、安徽、江苏、上海 9 个省区，全长 4200km。

2008 年 2 月 22 日正式开工的西气东输二线管道工程是"十一五"期间国家规划的特大型基础建设和能源通道建设项目，是当时我国距离最长（上万公里）、口径最大（1219mm）、管线钢级最高（X80）、压力最大（12MPa）、站场最多及多级加压，以及采用先进钢材的世界级的天然气干线管道。

西气东输三线，路线为从新疆通过江西抵达福建，把俄罗斯和中国西北部的天然气输往能源需求量庞大的长江三角洲和珠江三角洲地区。从更大的范围看，正在规划中的引进俄罗斯东、西西伯利亚的两条天然气管道将与"西气东输"大动脉相连接，也属"西气东输"工程之列。

西气东输作为一项伟大能源工程，极大地缓和了南方和沿线城市、尤其是长江和珠海三角洲地区的能源需求。大大加快新疆地区以及中西部沿线地区的经济发展，还将促进中国能源结构和产业结构调整，带动钢铁、建材、石油化工、电力等相关行业的发展。工程建成后，将形成一条横贯祖国大江南北的能源大动脉，成为我们这一代人留给后人的一笔伟大的遗产。

复习思考题

1. 管道工程的发展趋势如何？
2. 简述管线钢的发展过程。
3. 简述我国钢质管道环缝焊接技术的变革过程。
4. 如何保证管道焊接工程质量？

第一章

基础知识

管道是用管子、管子连接件和阀门等连接成的用于输送气体、液体或带固体颗粒的流体的装置。通常，流体经鼓风机、压缩机、泵和锅炉等增压后，从管道的高压处流向低压处，也可利用流体自身的压力或重力输送。管道的用途很广泛，主要用在给水、排水、供热、供煤气、长距离输送石油和天然气、农业灌溉、水利工程和各种工业装置中。

金属管道种类繁多、数量大，使用情况千差万别。我国不同行业采用不同的标准体系，标准之间差别很大。当然，由于金属管道的工况，如温度、压力、介质、环境等不同，标准有差距是客观存在的。例如，电力电站管道高压、高温、蒸汽介质居多；石油、石化管道受压、腐蚀介质居多；化工行业管道还有如氯气之类的剧毒介质；机械行业压力容器，按使用情况及工况分成低压、中压、高压、超高压，按容器类别分为第一类压力容器，第二类压力容器，第三类压力容器。船舶管道有高压的蒸汽管道、主机冷却的海水管道（承压及受腐蚀）、污水管道（承压及受高温）、燃油输送管道、压缩空气管道等，在不同的工况下运行。本章则要介绍一些压力管道的基础知识。

第一节　压力管道的定义及分类

一、压力管道的定义

压力管道（图 1-1）是指最高工作压力大于或等于 0.1MPa（表压），且公称尺寸大于 25mm，用于输送气体、液化气体、蒸汽介质或可燃、易爆、有毒、有腐蚀性、最高工作温度高于或等于标准沸点的液体介质的管道。压力管道是生产、生活中使用的可能引爆或中毒等危险性较大的特种设备及管道。包括：

① 输送 GB 5044—1985《职业性接触毒物危害程度分级》中规定的毒性程度为极度危害介质的管道。

② 输送 GB 50160—2008《石油化工企业设计防火规范》及 GB 50016—2006《建筑设计防火规范》中规定的火灾危险性为甲、乙介质的管道。

③ 最高工作压力不小于 0.1MP（表压，下同），输送介质为气（汽）体及液化气体的管道。

④ 最高工作压力不小于 0.1MP，输送介质为可燃、易爆、有毒及有腐蚀性或高温工作温度不小于标准沸点的液体管道。

图 1-1 压力管道

⑤上述四项规定管道的附属设施：弯头、大小头、三通、管帽、加强管接头、异径短管、管箍、仪表管、嘴、漏斗、快速接头等管件（图 1-2）；法兰、垫片、螺栓、螺母、限流孔板、盲板、法兰盖等连接件；各类阀门、过滤器、流水器、视镜等管道设备；还包括管道支架以及安装在压力管道上的其他设备。

图 1-2 管件及法兰

法兰（图 1-2）又叫法兰盘或凸缘。法兰是使管子与管子及和阀门相互连接的零件，连

图 1-3 阀门示例

接于管端。法兰上有孔眼，螺栓（紧固件）使两法兰紧连。法兰间用衬垫（密封件）密封。法兰分螺纹连接（丝接）法兰和焊接法兰及卡套法兰。

阀门（图1-3）作为管道组成件的一种，在管道系统中承担开闭、减压或增压、调节流量、安全保护（防止逆流、泄压）等作用。为了满足不同的用途与要求，管道系统中使用的阀门类型非常多，常用的有闸阀、截止阀、针型阀、球阀、蝶阀、柱塞阀、止回阀和安全阀等。一般应根据使用目的以及管道系统的操作条件来选用。

图1-4　管道支承件

管道支承件（图1-4、图1-5）是将管道的自重、输送流体的重量、由于操作压力和温差所造成的荷载，以及振动、风力、地震、雪载、冲击和位移应变引起的荷载等传递到管架结构上去的管道元件。包括吊杆、弹簧支吊架、恒力支吊架、斜拉杆、平衡锤、松紧螺栓、支撑杆、链条、导轨、锚固件、鞍座、垫板、滚柱、托座、滑动支座、管吊、吊耳、卡环、管夹、U形夹和夹板等。

压力管道安全保护装置主要指用于防止超温、超压、泄漏的保护装置和报警装置。如紧急切断装置、安全泄压装置、测漏装置、测温装置、报警装置等。

图1-5　管道支架、吊架示例

二、压力管道的分类、分级

管道的用途广泛，品种繁多。不同领域内使用的管道，其分类方法也不同。一般可以按用途、主体材料、敷设状态和输送介质等管道使用特性进行分类。

1. TSG D3001—2009《压力管道安装许可规则》对压力管道的分类、分级

TSG D3001—2009《压力管道安装许可规则》将压力管道分为长输管道、公用管道、工业管道及动力管道。长输（油气）管道是指在产地、储存库、使用单位之间的用于输送（油气）商品介质的管道；公用管道是指城市或者乡镇范围内的用于公用事业或者民用的燃气管道和热力管道；工业管道是指企业、事业单位所属的用于输送工艺介质的工艺管道、公用工程管道及其他辅助管道；动力管道是指火力发电厂用于输送蒸汽、汽水两相介质的管道。具

体如表 1-1 所示。

表 1-1 压力管道分类分级

名称	类别	级别	工况和参数
长输管道	GA	GA1 甲级	①输送有毒、可燃、易爆气体或液体介质,设计压力大于或等于10MPa 的 ②输送距离大于或等于 1000km,且公称直径大于或等于 1000mm 的
		GA1 乙级	①输送有毒、可燃、易爆气体介质,设计压力大于或等于 4.0MPa、小于 10MPa ②输送有毒、可燃、易爆液体介质,设计压力大于或等于 6.4MPa、小于 10MPa ③输送距离大于或等于 200km,且公称直径大于或等于 500mm 的
		GA2	GA1 级范围以外的长输(油气)管道
公用管道	GB	GB1	燃气管道
		GB2	热力管道
工业管道	GC	GC1	①输送 GB 5044—1985《职业接触毒物危害程度分级》中规定的毒性程度为极度危害介质、高度危害气体介质和工作温度高于其标准沸点的高度危害液体介质的管道 ②输送 GB 50160—2008《石油化工企业设计防火规范》与 GB 50016—2006《建筑设计防火规范》中规定的火灾危险性为甲、乙类可燃气体或者甲类可燃液体(包括液化烃),并且设计压力大于或等于 4.0MPa 的管道 ③输送流体介质,并且设计压力大于或等于 10.0MPa,或者设计压力大于或等于 4.0MPa 且设计温度高于或等于 400℃的管道
		GC2	除本规定 GC3 级管道外,介质毒性危害程度、火灾危险性(可燃性)、设计压力和设计温度低于 GC1 级的工业管道
		GC3	输送无毒、非可燃流体介质,设计压力小于或等于 1.0MPa 且设计温度高于—20℃,但是不高于 185℃的工业管道
动力管道	GD	GD1	设计压力大于或等于 6.3MPa,或设计温度高于或等于 400℃的动力管道
		GD2	设计压力小于 6.3MPa,且设计温度低于 400℃的动力管道

2. SH 3059—2001《石油化工管道设计器材选用通则》对管道的分级

表 1-2 为 SH 3059—2001《石油化工管道设计器材选用通则》对管道的分级

表 1-2 SH 3059—2001《石油化工管道设计器材选用通则》对管道的分级

管道级别	适 用 范 围
SHA	①毒性程度为极度危害介质管道(苯管道除外) ②毒性程度为高度危害介质的丙烯腈、光气、二硫化碳和氟化氢介质管道 ③设计压力大于或等于 10.0MPa 的介质管道
SHB	①毒性程度为极度危害介质的苯管道 ②毒性程度为高度危害介质管道(丙烯腈、光气、二硫化碳和氟化氢管道除外) ③甲类、乙类可燃气体和甲 A 类液化烃、甲 B 类、乙 A 类可燃液体介质管道
SHC	①毒性程度为中度、轻度危害介质管道 ②乙 B 类、丙类可燃液体介质管道
SHD	设计温度低于—29℃的低温管道

注:1. 毒性程度是根据 GBZ 230—2010《职业性接触毒物危害程度分级》划分的。
2. 甲类、乙类可燃气体是根据 GB 50160—2008《石油化工企业设计防火规范》中可燃气体的火灾危险性分类划分的。
3. 可燃气体、液化烃、可燃液体的火灾危险性分类是根据 GB 50160—2008 确定的。

三、管子系列标准

压力管道设计及施工，首先考虑压力管道及其元件标准系列的选用。世界各国应用的标准体系很多，大体可以分为两类。压力管道标准见表 1-3，法兰标准见表 1-4。

表 1-3　压力管道标准

分类	大外径系列	小外径系列
规格 DN—公称直径 φ—外径	DN25—φ34mm，DN32—φ42mm，DN40—φ48mm，DN50—φ60mm，DN65—φ76mm，DN80—φ89mm，DN100—φ114mm，DN125—φ140mm，DN150—φ168mm，DN200—φ219mm，DN250—φ273mm，DN300—φ324mm，DN350—φ360mm，DN400—φ406mm，DN450—φ457mm，DN500—φ508mm，DN600—φ610mm	DN25—φ32mm，DN32—φ38mm，DN40—φ45mm，DN50—φ57mm，DN65—φ73mm，DN80—φ89mm，DN100—φ108mm，DN125—φ133mm，DN150—φ159mm，DN200—φ219mm，DN250—φ273mm，DN300—φ325mm，DN350—φ377mm，DN400—φ426mm，DN450—φ480mm，DN500—φ530mm，DN600—φ630mm

表 1-4　法兰标准

分类	欧式法兰（以 200℃为计算基准温度）	美式法兰（以 200℃为计算基准温度）
规格 PN—压力等级	压力等级：PN0.1，PN0.25，PN0.6，PN1.0，PN1.6，PN2.5，PN4.0，PN6.3，PN10.0，PN16.0，PN25.0，PN40.0	压力等级：PN2.0（CL150），PN5.0（CL300），PN6.8（CL400），PN10.0（CL600），PN15.0（CL600），PN25.0（CL1500），PN42.0（CL2500）

注：对于 CL150（150lb 级）是以 300℃作计算基准温度。

从表 1-3、表 1-4 可知，无论是管子还是法兰，两个系列均不能混合使用。

在配管工程中，无论是从安全和经济上综合考虑，还是现场施工和管理的需要，管道组成件都应尽量地标准化，使用标准件，以便于大规模生产，减少品种，降低生产成本。因此，管道组成件的选用，通常指选用标准的管道组成件，从使用性、可靠性、经济性最大限度地满足配管工程的需要。

通常，管道组成件的选用根据流体的性质、各种可能出现的操作工况以及外部环境的要求和经济合理性来确定。这是管道组成件选用的基本原则。包括输送介质的性质如易燃、易爆、有毒、介质压力和温度；各种可能出现的操作工况组合如压力、温度、流速、外部载荷；外部环境如地区、季节等外部大气环境的不同；经济合理性如工程的成本与安全性的优化。如何选用合适的管道组成件类型以及连接方式以满足某一管道工程的设计要求，或者选用的最终方案由工程设计者决定。

第二节　焊接管道受力及质量因素

压力管道与压力容器同属于壳体结构，但与压力容器比较起来，有其自身的特点。压力管道种类是很多的，以一套石油加工装置为例，它所包含的压力容器不过几十台，多者百余台，但它包含的压力管道将多达数千条，所用到的各种管道附件将达上万件，归纳起来，压力管道与压力容器相比较，具有以下主要特点。

一、压力管道的特点

种类多，数量大，设计、制造、安装、应用管理环节多。环节越多，出现问题的概率就越高；环节越多，影响因素就越多，包括的信息量就越大，从而造成压力管道安全管理和安全监察的多元性和复杂性。

长细比大，跨越空间大，边界条件复杂。这表明管道的强度计算不能仅仅根据设计条件利用成熟的薄膜应力公式来计算，还应考虑与它相连的机械设备对它的要求，中间支承条件的影响，自身热胀冷缩和振动的要求等。因此，在管道布置设计时除应满足工艺流程要求外，还应综合考虑各相关设备、支撑条件、地理条件（对长输管道）、城市整体规划（对城市公用管道）等因素的影响。

现场安装工作量大。压力容器基本上是在工厂制造的，其制造环境条件和制造设备保证均较好。而压力管道现场安装工作量大，环境条件较差，因此安装质量相对较差，从而要求投入更多的管理与监察人员。

材料应用种类多，选用复杂。压力容器用得较多的是板材和锻材，而且也比较成熟。压力管道除用到板材和锻材之外，还经常配套用到管材和铸件。在一些操作工况下要想配齐这些材料是比较困难的，也就是说，针对于某一介质环境所选定的合适材料，板材和锻材有时容易获得，而铸件就不见得容易获得，反之亦然。基于这样的原因，工程上有时不得不对同一管路上不同的元件取不同的材料，从而导致异材连接等不利现象的出现。另外，因为设备长细比较小，它可以采用复合板材成堆焊层来解决防腐问题，而管道则不易做到。有时，同一根管道可能同时连接两个或两个以上的不同操作条件的设备，因此管道选材要考虑对各设备的材料都能适应。

管道及其元件生产厂的生产规模较小，产品质量保证较差。许多管道元件的生产技术并不复杂，生产设备要求也不高，许多小的生产厂也能生产。但它们当中有些技术力量较差，生产设备配置不全，生产管理也不健全，所以产品质量不易得到保证。

二、焊接管道接头的受力情况

压力管道通常与压力容器连接使用，其焊接接头的受力情况与锅炉及压力容器相同，我们以锅炉及压力容器为例来阐述焊接管道接头的受力情况。锅炉及压力容器的结构各式各样，有锅炉筒体、换热器、储罐、塔等。大都是由各种形式的封头接管和管接头等组成。也就是说这些受压部件的基本形状是圆柱体，其焊接接头分为 A、B、C、D 四类，锅炉及压力容器焊接接头形式分类示意图见图 1-6。压力管道接头无 A、B、C、D 划分，焊口按序编号即可。

1. A 类接头

A 类接头包括圆筒部分的纵向接头，球形封头与圆筒连接的环向接头，各类凸形封头中的所有拼接接头，嵌入式接管与壳体对接连接的接头。工艺要求采用双面焊或保证全部焊透的单面焊缝。为什么把筒体纵缝的对接接头等列为 A 类接头呢？因为其所受的工作应力比 B 类接头高一倍，也就是说筒体纵缝应力是环缝应力的一倍。在压力容器爆破性试验中，裂口一般均在纵缝上，有时听到媒体报道某水管爆裂、某油管爆裂，问题多半发生在纵缝。

2. B 类接头

B 类接头包括壳体部分的环向接头，锥形封头小端与接管连接的接头，长颈法兰与接管连接的接头。工艺要求采用双面焊的对接接头或采用带衬垫的单面焊缝。A 类接头和 B 类接头都是锅炉、压力容器、压力管道中的重要焊道。

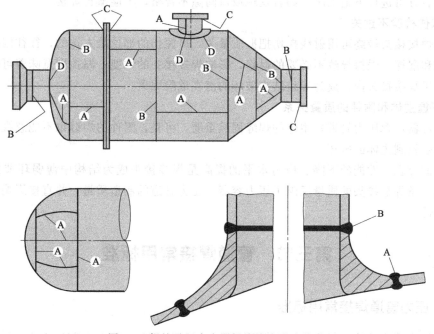

图 1-6 锅炉及压力容器焊接接头形式分类

3. C 类接头

C 类接头包括平盖、管板与圆筒非对接连接的接头，法兰与壳体、接管连接的接头，内封头与圆筒的搭接接头。工艺要求通常采用角焊缝连接，高压容器和剧毒介质容器应保证全部焊透。作为管道按图纸设计要求而定。

4. D 类接头

主管道与支管、与人孔管接的相贯焊缝，处于应力集中部位，弹性应力集中系数大致在 1.5～2.5 范围内，焊缝在较高应力状态下工作。同时，焊接时刚性拘束较大，容易产生缺陷。因此，D 类接头是锅炉、压力容器中的重要焊缝。工艺要求也应采用全部焊透的接头。

对于非受压元件与受压元件的连接接头为 E 类焊接接头，如容器鞍座的焊接。

三、影响管道焊接的质量因素

由国内外发生的管道破坏事故的分析结果可知，其破坏形式为脆性破裂（即破裂前没有明显的塑性变形），破裂通常由低周疲劳、应力腐蚀和蠕变等原因所引起。这些破坏事故与结构设计，焊接质量、探伤技术和操作有很大关系。

一般来说，多数结构的破断，往往集中于应力、局部应力和拉伸残余应力较高的焊接接头的缺陷处，其原因如下。

1. 焊接缺陷，特别是未焊透

例如某圆柱形管道钢梁，现场装焊时人无法进去双面焊，只得在管子内衬垫板单面焊。表面质量很好，实际上 50% 深度是虚焊。以下三种情况均无法全焊透：不开坡口，手工电弧焊缝无法达到要求；虽然开了坡口，但不到位，角度太小、太浅，无法熔透；坡口符合要求，但根部间隙太小，无法熔透。

2. 责任心不强，素质不高

工厂内有这么一条工艺纪律。即施工前对上道工序进行检验，若不合格，必须返修并经检验合格后方可进行下道工序。如若发现坡口间隙不合格，不能擅自焊接。

3. 探伤检验不过关

虽然焊接接头最终可用射线探伤把握质量关，可探伤的部位是人选的，往往因疏忽大意造成误探和漏探，误探导致不必要的返修，影响焊接接头的性能；漏探则意味着可能使超标缺陷留存于焊接接头内，成为导致结构破坏的潜在危险因素。

4. 把握主体和附件的质量关系

压力容器（含压力管道）主体的焊缝固然重要，可是，附件的焊缝也不能忽视，有时往往由附件引发到主体的破坏。

缺陷的存在、性能的下降、应力水平的提高是焊接接头成为结构中薄弱环节的三大要素。因此一条焊缝接头的质量反映了压力容器、压力管道的制造质量，并直接影响到结构的使用安全性。

第三节　管道焊接常用标准

一、压力管道焊接常用标准

关于压力管道的施工规范，综合性的有 GB 50235、GB 50236 和 SH 3501《石油化工剧毒、可燃介质管道施工验收规范》、NB/T 47013《承压设备无损检测》、HC 20225《化工金属管道施工及验收规范》、J28《城市供热管网工程及验收规范》、CJJ23《城市燃气输配工程施工及验收规范》等。

GB 50235 和 SH 3501 这两个综合性施工规范是目前石油化工生产建设中最常用的标准。输油、输气长输管道建设发展很快，这方面的行业标准 SY 0401—1998《输油输气管道线路工程施工及验收规范》。

为了便于阅读，在表 1-5 中列出了压力管道焊接常用标准。

表 1-5　压力管道焊接常用标准

编　号	名　称
国家质量技术监督局 锅发(1999)154 号	压力容器安全技术监察规程 (99 容器)
DL 5031(DL 5007)	电力建设施工及验收技术规范(管道篇)(焊接篇)
GB 50184	工业金属管道工程质量检验评定标准
GB 50236	现场设备工业管道焊接工程施工及验收规范
GB 50235	工业金属管道工程施工及验收规范
GB 985	气焊、手工电弧焊气体保护焊焊缝坡口的基本形式与尺寸
GB 986	埋弧焊焊缝坡口的基本形式和尺寸
JB/T 4709	钢制压力容器焊接规程
JB 4708	钢制压力容器焊接工艺评定
JB 4730	压力容器无损检测
SHJ 502	钛管道施工及验收规范
SHJ 509	石油化工工程焊接工艺评定
SHJ 514	石油化工设备安装工程质量检验评定标准

续表

编　号	名　称
SHJ 517	石油化工钢制管道工程施工工艺
SHJ 520	石油化工工程铬钼耐热钢管道焊接技术规程
SH 3501	石油化工剧毒、可燃介质管道施工及验收规范
SH 3508	石油化工工程施工工程及验收统一标准
SH 3523	石油化工工程高温管道焊接规程
SH 2525	石油化工低温钢焊接规程
SH 3526	石油化工异种钢焊接规程
SH 3527	石油化工不锈钢复合钢焊接规程
HC 20225	化工金属管道施工及验收规范
CCJ 28	城市供热管网工程及验收规范
GB/T 9711.1—1998	螺旋焊管生产标准
中国船级社	材料与焊接规范 1998 第九章压力管系焊接
SY 0401—1998	输油输气管道线路工程施工及验收规范

二、国外常用标准体系

为了对国外通用的和先进的相关标准体系有所了解，现将有关管道的国外部分常用标准体系列于表 1-6。

表 1-6　管道的国外部分常用标准体系

国　别	标　准　号	标　准　名　称
德国 (DIN)	DIN 2410. T. 1	管子及钢管标准概述
	DIN 2448	无缝钢管　尺寸及单位长度质量
	DIN 2458	焊接钢管　尺寸及单位长度质量
	DIN 2501. T. 1	法兰连接尺寸
美国(ANSI)	ANSI/ASME 836.10	无缝及焊接钢管
	ANSI/ASME B36.19	不锈钢无缝及焊接钢管
	ANSI/ASME E16.9	工厂制造的钢对焊管件
	ANSI/ASME B16.47	大直径钢法兰
	ANSI/ASME B16.5	管法兰和法兰管件
	ANSI/ASME B16.28	钢制对焊小半径弯头和回弯头
日本 (JIS)	JIS B2201	铁素体材料管法兰压力等级
	JIS B2202	管法兰尺寸
	JIS B2210	铁素体材料管法兰基础尺寸
	JIS B2220	钢制管法兰
	JIS B2311	普通用途的钢制对焊管件
	JIS B2312	钢制对焊管件
	JIS B2313	钢板制对焊管件
	JIS G3459	不锈钢钢管
	JIS G3452	普通用途碳钢管
	JIS G3454	承压用碳钢管
	JIS G3455	高压用碳钢管
	JIS G3456	高温用碳钢管
	JIS G3457	电弧焊碳钢管
	JIS G3458	合金钢管
	JIS G3468	电弧焊大直径不锈钢钢管

续表

国　别	标　准　号	标　准　名　称
英国 （BS）	BS 1600	石油工业用钢管尺寸
	BS 1640	石油工业用对焊管件
	BS 1965	对焊承压管件
	BS 3605.1	承压焊接无缝不锈钢钢管
	BS 3600	承压用焊接钢管和无缝钢管的尺寸及单位长度质量
国际标准 化组织 （ISO）	ISO 1127	不锈钢钢管尺寸公差和单位长度质量
	ISO 3183	石油和天然气工业用钢管
	ISO 4200	焊接和无缝平端钢管尺寸和单位长度
	ISO 6759	热交换器用无缝钢管
	ISO 7005-1	金属管法兰

阅读材料——压力容器及压力管道法规

锅炉、压力容器、压力管道作为承压的特种设备，一旦发生爆炸或泄漏，往往并发火灾、中毒等灾难性事故。图1-7的压力容器及压力管道爆炸后现场由于锅炉压力容器、压力管道等特种设备具有发生爆炸或泄漏、造成人身伤害事故的危险性，世界上各主要工业发达国家一般都制定有专门的法律、建立了完善的法规体系进行规范和管理。中国目前还没有特种设备的专门法律。对于锅炉压力容器、压力管道等承压特种设备的安全法制，我国目前主要是依据2003年2月19日国务院颁布自2003年6月1日起施行的《特种设备安全监察条例》。该条例的颁布对于我国建立锅炉压力容器、压力管道等承压特种设备安全监察制度确立了依据。两个关于锅炉、压力容器及压力管道管理的重要法规为《压力容器安全技术监察规程》（简称《容规》）和《压力管道安全管理与监察规定》（简称《管规》）。其中《管规》第五条规定：压力管道的设计、制造、安装、使用、监察和修理改造单位的主管部门应负责所属企业的压力管道安全管理工作。

图1-7　压力容器及压力管道爆炸后现场

复习思考题

1. 什么是管道及压力管道？《压力管道安装许可规则》对压力管道是如何分类的？
2. 管道的附属设施有哪些？各有什么作用？
3. 压力管道与压力容器相比较具有哪些特点？
4. 焊接管道接头形式有哪些？如何分类？
5. 影响管道焊接的质量的因素有哪些？
6. 管道焊接常用标准有哪些？

第二章

管道金属材料

第一节　管道金属材料的选用

一、压力管道金属材料的特点

压力管道涉及各行各业，对它的基本要求是"安全与使用"，安全为了使用，使用必须安全，使用还涉及经济问题即投资省、使用年限长。这当然与很多因素有关。而材料是工程的基础，首先要认识压力管道金属材料的特殊要求。压力管道除承受载荷外，由于处在不同的环境、温度和介质下工作，还承受着特殊的考验。

1. 金属材料在高温下性能的变化

（1）材料的高温氧化　金属材料在高温氧化性介质环境中（如烟道）会被氧化而产生氧化皮，容易脆落。碳钢处于570℃的高温气体中易产生氧化皮而使金属减薄。故燃气、烟道等钢管应限制在560℃下工作。

（2）球化和石墨化　在高温作用下，碳钢中的渗碳体（Fe_3C）由于获得能量将发生迁移和聚集，形成晶粒粗大的渗碳体并夹杂于铁素体中，其渗碳体会由片状逐渐变成球状，称为球化。碳钢长期工作在425℃以上温度时，渗碳体分解产生石墨，称为材料的石墨化。石墨的强度极低，如果以片状出现，使材料的强度大大降低，脆性增加，极易造成破坏。

（3）热疲劳性能　钢材如果长期冷热交替工作，那么材料内部在温差引起的热应力的作用下，会产生微小裂纹而不断扩展，最后导致破裂。因此，在温度起伏变化条件下工作的结构、管道应考虑钢材的热疲劳性能。

（4）蠕变　钢材在高温下受外力的作用时，随着时间的延长，缓慢而连续产生塑性变形的现象，称为蠕变。钢材蠕变特征与温度和压力有很大关系。温度升高或应力增大，蠕变速度加快。因此，对于高温下长期工作的锅炉、蒸汽管道、压力容器所用的钢材应具有良好的抗蠕变性能，以防止因蠕变而产生大量变形导致结构破裂及造成爆炸等恶性事故。

2. 金属材料在低温下的性能变化

当环境温度低于材料的临界温度时，材料的冲击韧性会急剧降低，这一临界温度称为材料的韧脆转变温度。常用低温冲击韧性（冲击功）来衡量材料的低温韧性，在低温下工作的管道，必须注意其低温冲击韧性。

3. 管道在腐蚀环境下的性能变化

石油化工、船舶、海上石油平台等介质，很多具有腐蚀性，事实证明，金属腐蚀的危害性十分普遍，而且也十分严重，腐蚀会造成直接或间接的经济损失，甚至会造成灾难性的重大损失。金属常见的腐蚀形式有均匀腐蚀、缝隙腐蚀、点蚀、应力腐蚀、疲劳腐蚀和晶间腐蚀。容易造成金属腐蚀的介质有氯化物、硫化物和环烷酸等。

（1）均匀腐蚀　均匀腐蚀是指在与环境接触的整个金属表面上几乎以相同速度进行的腐蚀。在应用耐蚀材料时，应以抗均匀腐蚀作为主要的耐蚀性能依据，在特殊情况下才考虑某些抗局部腐蚀的性能。氯化物对碳素钢的腐蚀基本上是均匀腐蚀，并伴随氢脆发生。

（2）点蚀　又称坑蚀和小孔腐蚀。点蚀有大有小，一般情况下，点蚀的深度要比其直径大得多。点蚀经常发生在表面有钝化膜或保护膜的金属上。氯化物可对不锈钢造成点腐蚀。

（3）晶间腐蚀　晶间腐蚀是金属材料在特定的腐蚀介质中，沿着材料的晶粒间界受到腐蚀，使晶粒之间丧失结合力的一种局部腐蚀破坏现象。氯化物可对不锈钢造成晶间腐蚀。

（4）应力腐蚀开裂　材料在特定的腐蚀介质中和在静拉伸应力（包括外加载荷、热应力、冷加工、热加工、焊接等所引起的残余应力，以及裂缝锈蚀产物的楔入应力等）下，所出现的低于强度极限的脆性开裂现象，称为应力腐蚀开裂。应力腐蚀开裂是先在金属的腐蚀敏感部位形成微小凹坑，产生细长的裂缝，且裂缝扩展很快，能在短时间内发生严重的破坏。应力腐蚀开裂在石油、化工腐蚀失效类型中所占比例最高，可达 50%。

二、压力管道的结构要求

压力管道由于输送的流体具有毒性、燃爆性和腐蚀性，且又有高温、高压、低温等特殊操作条件，使其具有相当大的危险性。因此，压力管道系统结构应当具备下列条件。

1. 耐压强度

承受管内流体作用于管道上的压力（内压或外压）、温度所引起的应力及其长期、反复的影响，如蠕变和疲劳等。

2. 密封性

阻止管道内部流动的流体泄漏到管道外部空间或流体中。

3. 耐蚀性

承受管内流体对管道材料的腐蚀作用。管道材料的耐腐蚀等级分为 4 级，以年腐蚀速率衡量为：充分耐腐蚀≤0.05mm；耐腐蚀>0.05～0.1mm；尚耐腐蚀>0.1～0.5mm；不耐腐蚀>0.5mm。

4. 柔性

管道的柔性是反映管道变形难易程度的一个物理概念。管道在设计条件下工作时，因热胀冷缩、端点附加位移、管道支承设置不当等原因会产生应力过大、变形、泄漏或破坏等影响正常运行的情况。管道的柔性就是管道通过自身变形吸收因温度变化发生尺寸变化或其他原因所产生的位移，保证管道上的应力在材料许用应力范围内的性能。

为了满足上述条件，管道系统的管道组成件必须使用耐介质腐蚀，有能够在设计规定温度下承受介质作用压力的材料，且有相应的壁厚和密封结构，同时整个管道系统应有适当的支承。

三、压力管道金属材料的选用原则

管道工程上的实际应用环境条件是十分复杂的，不同的介质、介质温度、介质压力等操作条件的组合，构成了无数个选材条件。就常见的选材条件来说，要想在这里逐一给出其选材结论是不现实的，它也正是各个设计院或工程公司一直致力研究的问题。在这里将换一种方式，以材料为主体，应用金属理论、腐蚀理论以及工程理论来确定各种常用材料的使用限制条件。

工程上，压力管道选材除了要确定材料牌号外，还要确定材料标准，因为不同的材料标准，对材料质量的要求是不一样的。在选用工程材料时，首先应遵循下列一些原则。

1. 满足操作条件的要求

首先应根据使用条件判断该管道是否承受压力，属于哪一类压力管道。不同类别的压力管道因其重要性差异，发生事故带来的危害程度不同，对材料的要求也不同。一般情况下，高类别的压力管道（如一类压力管道）从材料的冶炼工艺到最终产品的检查试验都比低类别的压力管道要求高。

同时应考虑管道的使用环境和输送的介质以及介质对管体的腐蚀程度。不同的材料对同一腐蚀介质的抗腐蚀性能是不相同的。在腐蚀环境中，选用材料应避免灾难性的腐蚀形式（如应力腐蚀开裂）出现，而对均匀腐蚀，一般至少应限定在"耐腐蚀"级，即最高年腐蚀速率不超过 0.5mm。同一材料在不同环境中腐蚀速度也是不同的。例如，插入海底的钢管桩，管体在浪溅区腐蚀速度为海底土中的 6 倍；潮差区腐蚀速度为海底土中的 4 倍。在选材及防腐蚀措施上应特别关注。

介质温度也是选用材料的一个重要参数。因为温度的变化会引起材料的一系列性能变化，如低温下材料的脆性，高温下材料的石墨化、蠕变等问题。很多腐蚀形态都与介质温度有密切的关系，甚至是腐蚀发生的基本条件。因此压力管道的选材应满足温度的限制条件。常用材料的使用温度见表 2-1。

表 2-1　常用金属材料的使用温度

材　　　料	使用温度/℃
10、20	−20～425
16Mn	−40～450
09Mn2V	−70～100
12CrMo	≤525
15CrMo	≤550
1Cr5Mo	≤600
低碳奥氏体不锈钢(018CrNi9、0Cr17Ni12Mo2、0Cr18Ni19Ti)	−196～700
超低碳奥氏体不锈钢(00Cr19Ni10)	−196～400
超低碳奥氏体不锈钢(00Cr17Ni14Mo2)	−196～450
0Cr25Ni20	≤800

2. 满足材料加工工艺和工业化生产的要求

材料应具有良好的加工性和焊接性。管道工程上的材料应用是系列化、标准化的。将材料标准化、系列化便于大规模生产，减少材料品种，从而可以节约设计、制造、安装、使用等各环节的投入，同时也将大大降低生产成本。所以工程上应首先选用标准材料，对于必须选用的新材料，应有完整的技术评定文件，并经过省级及其以上管理部门组织技术鉴定，合格后才能使用。对于必须进口的材料，应提出详细的规格、性能、材料牌号、材料标准、应用标准等技术要求，并按国内的有关技术要求对其进行复验，合格以后才能使用。

3. 耐用又经济的要求

压力管道应安全耐用和经济。一批管道工程在投资选材前，对拟选用的材料可制定数个方案，进行经济性分析。有些材料初始投资略高，但使用可靠，平时维修费用省；有的材料初始投资似乎省，但在运行中可靠性差，平时维修费用高，全寿命周期费用高。

四、常用材料的应用限制

1. 铸铁

常用的铸铁有可锻铸铁和球墨铸铁两种。一般限制条件：

① 使用在介质温度为−29～343℃的受压或非受压管道；

② 不得用于输送介质温度高于150℃或表压大于2.5MPa的可燃流体管道；

③ 不得用于输送任何温度压力条件的有毒介质；

④ 不得用于输送温度和压力循环变化或管道有振动的条件下。

实际上，可锻铸铁经常被用于不受压的阀门手轮和地下管道；球墨铸铁经常被用于工业用管道中的阀门阀体。

2. 普通碳素钢

限制条件：

（1）沸腾钢

① 应限用在设计压力≤0.6MPa、设计温度为0～250℃的条件下。

② 不得用于易燃或有毒流体的管道。

③ 不得用于石油液化气介质和有应力腐蚀的环境中。

（2）镇静钢

① 限用在设计温度为0～400℃范围内。

② 当用于有应力腐蚀开裂敏感的环境时，本体硬度及焊缝硬度应不大于200HB，并对本体和焊缝进行100％无损探伤。

（3）压力管道的沸腾钢和镇静钢

① 含碳量不得大于0.24％。

② GB 700标准给出了四种常用的普通碳素结构钢牌号，即 Q235A（F、b）、Q235B（F、b）、Q235C、Q235D。

Q235AF 钢板：设计压力 p≤0.6MPa；使用温度为0～250℃，钢板厚度≤12mm；不得用于易燃，毒性程度为中度、高度或极度危害介质的管道。

Q235A 钢板：设计压力 p≤1.0MPa；使用温度为0～350℃；钢板厚度≤16mm；不得用于液化石油气、毒性程度为高度或极度危害介质的管道。

Q235B 钢板：设计压力 p≤1.6MPa；使用温度为0～350℃；钢板厚度≤20mm；不能用于高度和极度危害介质的管道。

Q235C 钢板：设计压力 p≤2.5MPa；使用温度为0～400℃；钢板厚度≤40mm。

3. 优质碳素钢

优质碳素钢是压力管道中应用最广的碳钢，对应的材料标准有：GB/T 699、GB/T 8163、GB 3087、GB 5310、GB 9948、GB 6479 等。这些标准是根据不同的使用工况而提出了不同的质量要求。它们共性的使用限制条件：

① 送碱性或苛性碱介质时应考虑有发生碱脆的可能，锰钢（如 16Mn）不得用于该环境。

② 在有应力腐蚀开裂倾向的环境中工作时，应进行焊后应力消除热处理，热处理后的焊缝硬度不得大于 200HB。焊缝应进行 100％无损探伤。锰钢（如 16Mn）不宜用于有应力腐蚀开裂倾向的环境中。

③在均匀腐蚀介质环境下工作时，应根据腐蚀速率、使用寿命等进行经济核算，如果核算结果证明选用碳素钢是合适的，应给出足够的腐蚀余量，并采取相应的其他防腐蚀措施。

④ 碳素钢、碳锰钢和锰钒钢在 425℃ 及以上温度下长期工作时，其碳化物有转化为石墨的可能性，因此限制其最高工作温度不得超过 425℃（锅炉规范则规定该温度为 450℃）。

⑤ 临氢操作时，应考虑发生氢损伤的可能性。

⑥ 含碳量大于 0.24％的碳钢不宜用于焊连接的管子及其元件。

⑦ 用于 -20℃ 及以下温度时，应做低温冲击韧性试验。

⑧ 用于高压临氢、交变载荷情况下的碳素钢材料宜是经过炉外精炼的材料。

4. 铬钼合金钢

常用的铬钼合金钢材料标准有 GB 9948、GB 5310、GB 6479、GB 3077、GB 1221 等，其使用限制条件如下。

① 碳钼钢（C-0.5Mo）在 468℃ 温度下长期工作时，其碳化物有转化为石墨的倾向，因此限制其最高长期工作温度不超过 468℃。

② 在均匀腐蚀环境下工作时，应根据腐蚀速率、使用寿命等进行经济核算，同时给出足够的腐蚀余量。

③ 临氢操作时，应考虑发生氢损伤的可能性。

④ 在高温 $H_2 + H_2S$ 介质环境下工作时，应根据 Nelson 曲线和 Couper 曲线确定其使用条件。

⑤ 应避免在有应力腐蚀开裂的环境中使用。

⑥ 在 400～550℃ 温度区间内长期工作时，应考虑防止回火脆性问题。

⑦ 铬钼合金钢一般应是电炉冶炼或经过炉外精炼的材料。

5. 不锈耐热钢

压力管道中常用的不锈耐热钢材料标准主要有 GB/T 14976、GB 4237、GB 4238、GB 1220、GB 1221 等。其共性的使用限制条件如下。

① 含铬 12％以上的铁素体和马氏体不锈钢在 400～550℃ 温度区间内长期工作时，应考虑防止 475℃ 回火脆性破坏，这个脆性表现为室温下材料的脆化。因此，在应用上述不锈钢时，应将其弯曲应力、振动和冲击载荷降到敏感载荷以下，或者不在 400℃ 以上温度使用。

② 奥氏体不锈钢在加热冷却的过程中，经过 540～900℃ 温度区间时，应考虑防止产生晶间腐蚀倾向。当有还原性较强的腐蚀介质存在时，应选用稳定型（含稳定化元素 Ti 和 Nb）或超低碳型（C<0.003％）奥氏体不锈钢。

③ 不锈钢在接触湿的氯化物时，有应力腐蚀开裂和点蚀的可能，应避免接触湿的氯化物，或者控制物料和环境中的氯离子浓度不超过 25×10^{-6}。

④ 奥氏体不锈钢使用温度超过 525℃ 时，其含碳量应大于 0.04％，否则钢的强度会显

著下降。

第二节 管线用钢

一、概述

管道运输是一种大规模而经济的石油天然气的输送方式，全世界已经建设数百条油气长输管线，石油工业的巨大市场有力地促进了管线钢的发展。管线钢发展的动力还来源于管道工程对钢材提出的日趋严格的要求。目前管道工程的发展趋势是大口径、高压输送、海底管道的厚壁化以及高寒和腐蚀的服役环境，因此不仅要求管线钢具有高的强度，而且应有良好的韧性、疲劳性能、抗断裂特性和耐腐蚀性，同时还要求力学性能的改善不应当恶化钢的焊接性和加工性能。近几十年来，管线钢已成为低合金高强钢和微合金控轧钢领域内最具研究成果的重要分支。

在国内，管线钢的主要标准是 GB/T 9711.1—1997《石油天然气工业输送钢管交货技术条件 第1部分：A级钢管》；GB/T 9711.2—1999《石油天然气工业输送钢管交货技术条件 第2部分：B级钢管》；GB/T 9711.3—2005《石油天然气工业输送钢管交货技术条件 第3部分：C级钢管》，主要牌号有 L210、L245、L290、L320、L360、L390、L415、L450、L485、L555。

在国外管线钢的主要标准是 API SPEC 5L—2004《管线钢管规范》，主要牌号有 A25、A、B、X42、X46、X52、X46、X60、X65、X70、X80、X100。

在国内管线建设中，早期钢管制造基本上是利用进口材料，甚至是直接进口成品管。随着对管线钢需求的增大，我国逐渐研制生产出各个级别的管线钢，目前可以批量生产 X70 钢级及以下各种管材，X80 级别钢正在研制中，已经在现场进行试验。

2000 年以前，全世界使用 X70，大约在 40%，X65、X60 均在 30%，小口径成品油管线相当数量选用 X52 钢级，且多为电阻焊直管（ERW 钢管）。

我国目前在输油管线上常用的管型有螺旋埋弧焊管（SSAW）、直缝埋弧焊管（LSAW）、电阻焊管（ERW）。直径小于 152mm 时则选用无缝钢管。

国内外管线钢牌号及性能见表 2-2。

表 2-2 国内外管线钢牌号及性能　　　　　　　　　　MPa

管材等级		屈服强度	抗拉强度	分类
	A25	172	310	普通碳素钢
L210	A	207	311	
L245	B	241	413	
L290	X42	289	413	普通低合金高强钢
L320	X46	317	434	
L360	X52	358	455	
L390	X56	386	489	微合金化高强度用钢
L415	X60	415	517	
L450	X65	448	530	
L485	X70	482	565	微合金化高强度用钢、低合金钢
L555	X80	551	620	
	X100	727	837	

二、管线钢的发展过程

管线钢是一种微合金控轧钢，用于制造石油、天然气输送管道及容器。因此，管线钢的发展历程实际上反映了微合金控轧技术的发展历程。控轧技术就是通过控制热轧钢材的形变温度、形变量、形变道次、轧制温度等参数来改善钢材性能的轧制工艺。早在 20 世纪 20 年代中期就有人发现，通过降低最终热加工的变形温度可使 α 晶粒细化，从而提高轧制产品的力学性能。然而由于低温轧制的轧制负荷使一般轧机难以承受，因而很长时间以来该工艺一直未在工业上得到实际应用。20 世纪 40 年代之前，管线用钢只是普通的碳钢。第二次世界大战之后，由于钢铁冶炼技术的进步，脱氧、提高碳锰比等措施的使用，使钢的性能有了很大提高。到了 20 世纪 50 年代采用控轧工艺生产出的 352MPa 级别的 C-Mn 钢是世界上首次采用形变热处理工艺进行的商业生产。1960 年，Great Lakess Steel 第一次生产含 Nb 的 X60 级热轧钢。管线钢的开发研制得到突破性进展是在 20 世纪 60 年代中期以后。这一时期通过对钢进行控轧处理，使钢板的综合性能得到大幅度提高。20 世纪 60 年代中期，西欧尤其是英国钢铁协会对在钢中加入 Nb、V 等元素以提高钢的强度，改善其韧性和焊接性，以及对奥氏体再结晶状态的影响展开了一系列的研究工作。前苏联、美国也先后展开了钢的形变热处理工艺和理论的研究工作。这些工作都为微合金控轧理论提供了新的内容。

随着控轧工艺的发展，其内容也不断充实和发展。目前，管线钢控轧工艺分为三种类型，即再结晶型、非再结晶型和（α＋γ）两相区控轧。控制轧制的内容主要包括控制加热、调整形变温度、形变量、形变间歇停留时间、终轧温度以及轧后冷却等。目的就是通过控制轧制参数，使钢材形成具有发达亚结构的细晶组织，获得高强度、高韧性以及优良的焊接性能。

20 世纪 70 年代微合金控轧技术得到了广泛应用。轧制工艺的优化、炼钢工艺的改进以及计算机控制技术都大大提高了管线钢的综合性能，生产出了 X70 级管线钢。20 世纪 80 年代，管线钢控制轧制工艺后引入加速冷却技术，能在不损害韧性的前提下进一步提高钢的强度。加速冷却可以降低 γ→α 的转变温度，增加 α 的形核率，同时阻止或延缓碳、氮化合物的过早析出，从而生成弥散的析出物，细化晶粒，改善钢的强韧性。常用的加速冷却方式有两种：间断式加速冷却（轧后水冷至 600～400℃然后空冷）和连续式加速冷却（轧后水冷至室温）。采用控轧及轧后加速冷却技术生产出了 X80、X100 级的管线钢。

三、管道工程的发展趋势及其对管线钢的要求

从最初的工业管道至今，油气管线建设经历了一个多世纪的发展。石油工业的巨大市场有力地促进了管线钢、焊接材料、焊接工艺，及焊接设备的发展。如今新发现的油田大都在边远地区或地理条件恶劣的地带，随着海上油田、极地油气田的开发，对新时期的管道建设提出了更高的要求。目前管道工程的发展趋势有如下特点。

1. 大口径、长距离、高压输送

由建立在流体力学基础上的设计计算可知，原油管道单位时间输送量与输送压力梯度的平方根成正比，与管道直径的平方成正比。因此加大管道直径、提高管道工作压力是提高管道输送量的有力措施和油气管线的基本发展方向。目前认为，输油管道合适的最大管径为 1220mm，输气管道合适的最大管径为 1420mm。在输送压力方面，提高压力的追求仍无止境。随着输气管道输送压力的提高，输送用钢管也相应地迅速向高钢级发展，从 X52、

X60、X65 到 X70，甚至更高级别。高压输送和采用高钢级钢管，可使管道建设成本大大降低，并且管道建成以后，管道运营的经济效益更加丰厚。据统计，在大口径管道工程中，25％～40％的工程成本与材料有关。一般认为，管线钢每提高一个级别，可使管道造价成本降低 5％～15％。但由于作用在管壁上的应力与钢管直径和内压成正比，因此管径和内压的增加要求壁厚和钢的强度增大。而壁厚和钢的强度级别的增大，管线钢出现断裂的概率也就增加。因此，应提高管线钢的强度，要求管线钢必须具有高的韧性储备。

2. 高寒和腐蚀的腐蚀环境

由于全世界对能源的需求不断增加，人们正在偏远地区寻找和开发新的油田。与此相配套的管道多是在气候恶劣、人烟稀少、地质地貌条件极其复杂的地区建设，如美国横穿阿拉斯加的管道，途经冻土地区，气温最低可达 -70℃；前苏联 1985 年所建的西西伯利亚一中央输气管线，途经常年冻土区，气温最低可达 -63℃，积雪 70～90cm，在全长 4451km 的线路中，有 959km 通过沼泽，794km 通过水障碍；我国建设的西气东输管线，沿途要经过大片沙漠、戈壁高原、碱滩和沼泽地、地震活动断层和大落差地带。一些地区昼夜温差变化最大可达 30℃，冬季最低温度 -34℃，夏季地表最高温度可达 70～80℃。这些严酷的地域、气候条件不但给长输管线的施工造成困难，而且对管线钢的性能，尤其是管线钢的低温韧性和韧脆转变特性提出了更高的要求。

3. 海底管线的厚壁化

目前油气产量中有 20％的原油和 5％的天然气来源于近海。海底管线与陆地管线的服役条件有很大差异。海底管线经受自重、管内介质、设计压力、管外水压等工作载荷以及风、浪、流、冰和地震等环境载荷的作用，要求钢管具有足够的 t/D 值（t 为管壁厚，D 为管径）。因此，高压、小直径和厚壁化已经成为近海管线的特点。

为了适应管道工程的发展趋势，保证管线建设和运行的经济性和安全性，对管道和管线钢的质量参数提出了更高的要求，同时，也推动了焊接材料、焊接技术的发展。

近几年来，随着经济的发展，国际油价居高不下，我国在增大开发国内能源基础上，更多地引进国际油气能源，油气并举。西气东输管道工程是"十五"期间国家规划的特大型基础建设项目，管道横贯我国东西，主干管道全长 3900km 左右，输气规模为年输商品气 120×10^8 m³，输送压力为 10.0MPa，管径为 1016mm，全线采用 X70 级的管道输送钢管，是我国距离最长、口径最大、站场最多、高压力、多级加压、采用先进钢材的世界级的天然气干线管道。西气东输工程已经成为西部大开发的当之无愧的标志性工程，成为我国石油天然气工业发展史上的一座重要里程碑，西气东输工程将作为我国进入新世纪后的第一个重大建设项目而载入史册。西气东输的建成，极大地缓和了沿线城市尤其是长江三角洲地区的能源需求，而国内用户认识到洁净能源的优势，对天然气的需求也越来越大，陕京复线、济青联络线、中哈管线、中俄管线、西部管线、广东 LNG、福建 LNG、川气东送等工程加快了我国基础能源的建设，又一轮管线建设高潮即将到来。

四、管线钢的发展趋势

1. 超纯净管线钢

超纯净钢一般是指钢中总含氧量和 S、P、N、H 含量很低的钢。超纯净管线钢中各种杂质含量极低，分别为 S≤0.0005％、P≤0.002％、N≤0.002％、O≤0.001％和 H≤0.0001％。杂质元素对钢材的性能产生不利的影响，对钢管来讲，总合氧量高将会降低钢的韧性与延展性，S降低钢的冲击韧性；P能显著降低钢的低温冲击韧性，提高脆性转变温度，使钢产生冷脆；氮化物破坏钢的焊接性能。要提高管线钢的性能，必须系统地降低钢中杂质元素的含量。

然而，在工业上要完全消除夹杂物是不可能的。所以对夹杂物的形态进行控制已成为获取优质管线钢的重要手段。其基本方法是向钢中加入 Ca、Zr、Ti、稀土等元素，控制夹杂物形态，提高管线钢的韧性指标。

2. 高强度、高韧性管线钢

随着管道工程的发展，对管线钢韧性的技术要求日益提高，韧性已成为管线钢最重要的性能指标。为获取高韧性管线钢，可通过多种韧化机制和韧化方法，其中以低碳或超低碳、纯净或超纯净、均匀或超均匀、细晶粒或超细晶粒以及针状铁素体为代表的组织形态是高韧性管线钢最重要的特征。

（1）超细晶粒管线钢 超细晶粒管线钢的获得，首先归结于微合金化理论的成功应用。在管线钢控轧再加热过程中，未溶微合金碳、氮化物通过质点钉扎晶界的机制而阻止奥氏体晶粒的粗化过程。同时在控轧过程中，应变诱导沉淀析出的微合金碳化物、氮化物通过质点钉扎晶界和亚晶界的作用阻止奥氏体再结晶，从而获得细小的相变组织。超细晶粒管线钢的获取有赖于控制轧制技术的应用。通过控制热轧条件，目前工业生产的铁素体晶粒尺寸可控制到 $3\sim4\mu m$，实验室可获得 $1\sim2\mu m$ 的铁素体晶粒。对于针状铁素体或超低碳贝氏体管线钢，通过控制轧制和控制冷却，可降低钢中铁素体板条束的大小，大大细化了"有效晶粒"的尺寸，提高了管线钢的强韧性指标。

（2）针状铁素体管线钢 为进一步提高管线钢的强韧性，20 世纪 70 年代研究开发了针状铁素体钢，典型成分为 C-Mn-Nb-Mo，一般碳含量小于 0.06%。针状铁素体是在冷却过程中，在稍高于上贝氏体温度范围内，通过切变相变形成的具有高密度位错的非等轴铁素体。针状铁素体管线钢通过微合金化和控制轧制与控制冷却，综合利用晶粒细化、微合金元素的析出相与位错亚结构的强化效应，可使钢的屈服强度达到 $650MPa$，$-60℃$冲击吸收功达到 80J。

（3）超低碳贝氏体管线钢 为适应开发北极和近海能源的需要，在针状铁素体钢研究的基础上，国内外于 20 世纪 80 年代初开发研究了超低碳贝氏体管线钢。超低碳贝氏体钢在成分设计上选择了 C、Mn、Nb、Mo、B、Ti 的最佳配合，从而在较宽的冷却范围内都能形成完全的贝氏体组织。在保证优良的低温韧性和焊接性的前提下，通过适当提高合金元素的含量和进一步完善控轧与冷控工艺，超低碳贝氏体钢的屈服强度可达到 $700\sim800MPa$。因此超低碳贝氏体被誉为 21 世纪的新型控轧钢。

（4）Ti-O 新型管线钢

20 世纪 90 年代以后，一种 Ti-O 新型管线钢研究开发。其原理是向钢中加入粒度细小、均匀分布的 Ti-O 质点（$2\sim3\mu m$）。这种弥散分布的 Ti_2O_3 质点不但可以阻止奥氏体长大，还可以在钢的冷却过程中作为相变的形核核心，促进大量针状铁素体的形成，可明显改善管线钢的焊接韧性。

3. 管道的大位移环境与大变形管线钢

所谓大变形管线钢是一种适应大位移服役环境的，在拉伸、压缩和弯曲载荷下具有较高极限应变能力和延性断裂抗力的管道材料。这种管线钢既可满足管道高压、大流量输送的强度要求和满足防止裂纹起裂和止裂的韧性要求，同时又具有防止管道因大变形而引起的屈曲、失稳和延性断裂的极限变形能力，因此大变形管线钢是管道工程发展的迫切需要，也是传统油、气输送管道材料的一种重要补充和发展。

大变形管线钢的主要性能特征是在保证高强韧性的同时，具有低的屈强比（$\sigma_s/\sigma_b <$ 0.8）、高的均匀伸长率（如 $\delta_u > 8\%$）和高的形变强化指数（$n > 0.15$）。大变形管线钢的主要组织特征是双相组织。双相大变形管线钢不同于传统的管线钢，也不同于一般意义上的双相钢。它通过低碳、超低碳的多元微合金设计和特定的控制轧制和加速冷却技术，在较大的厚度范围内分别获得 B-F 和 B-M/A 等不同类型的双相组织。

4. 易焊管线钢

焊接性是管线钢最重要的特性之一。具备优良焊接性的钢可称为易焊钢。现代易焊管线钢可分为焊接无裂纹管线钢和焊接高热输入管线钢。

（1）焊接无裂纹管线钢　冷裂纹是管线钢焊接过程中可能出现的一种严重缺陷。大量生产实践和理论研究表明，钢的淬硬倾向、焊接接头中含氢量和焊接接头的应力状态是管线钢焊接时产生冷裂纹的三大主要因素。就钢的淬硬倾向而言，主要取决于钢的含碳量，其他合金元素也有不同程度的影响。综合这两方面的因素，提出了以"碳当量"作为衡量钢的焊接裂纹倾向性的依据。为适应焊接无裂纹的要求，现代管线钢通常采用 0.1% 或更低碳当量，甚至保持在 0.01%～0.04% 的超低碳水平。目前国外管线钢通常要求 CE_{IIW} 小于 0.40% 或 CE_{Pcm} 小于 0.20%，用于高寒地区的管线钢则要求 CE_{IIW} 小于 0.32% 或 CE_{Pcm} 小于 0.12%。微合金化和控轧控冷等技术的发展，使得管线钢在碳含量降低的同时保持高的强韧特性。最新冶炼技术的发展，已为工业生产超低碳管线钢提供了可能。

（2）焊接高热输入管线钢　采用高的焊接热输入可提高焊接的生产效率，但对热影响区产生重要影响。高的焊接热输入一方面促使晶粒长大；另一方面使焊后冷却速度降低，而导致相变温度升高，从而形成软组织，引起焊接热影响区的性能恶化。一般认为由此引起热影响区的韧性损失为 20%～30%。

为控制管线钢热影响区在高热输入下的晶粒长大，可以通过向钢中加入微合金元素来实现。据资料介绍，Ti 是一种在焊接峰值温度下能通过生成稳定的氮化物，控制晶粒长大的有效元素。研究表明，即使在高达 1400℃ 的温度下 TiN 仍表现了很高的稳定性，从而有效地抑制在高热输下的奥氏体晶界迁移和晶粒相互吞并的长大过程。目前管线钢中推荐的最佳 Ti 含量为 0.02%～0.03%，并保持 Ti/N 远低于 3.5。

为避免在焊接高热输入下热影响区中软组织的形成，在 20 世纪 80 年代研究开发了 Nb-Ti-B 系管线钢。这种合金设计思想充分利用 B 相变动力学上的重要特性。加入微量的 B（0.002%～0.005%）可明显抑制组织铁素体等在奥氏体晶界上形核，使铁素体转变曲线明显右移，同时贝氏体转变曲线变得扁平，即使在焊接高热输入和较大的冷却范围内，也能获得贝氏体组织，使管线钢热影响区强韧特性不低于母材。

5. 高抗腐蚀管线钢

在输送酸性油、气时，管道内部接触 H_2S、CO_2 和 Cl^-，由于保护涂层化等原因，出现局部损伤，钢管外壁还与土壤和地下水中的硝酸根离子（NO^-）、氢氧根离子（OH^-）、碳酸根离子（CO_3^{2-}）和酸式碳酸根离子（HCO_3^-）等介质接触，因而管线钢的腐蚀问题是难以避免的。随着高硫气田的开发，研究高抗腐蚀管线钢的课题日显迫切。高抗 H_2S 腐蚀管线的生产，代表了一个国家管线钢生产的最高水平。

第三节 焊接制管

钢管生产技术的发展开始于自行车制造业的兴起，19世纪初期石油的开发，两次世界大战期间舰船、锅炉、飞机的制造，第二次世界大战后火电锅炉的制造，化学工业的发展以及石油天然气的钻采和运输等，有力地推动着钢管工业在品种、产量和质量上的发展。

一、焊接制管

钢管按生产方法可分为两大类：无缝钢管和有缝钢管。有缝钢管为焊接钢管，焊接钢管也称焊管，是用钢板或钢带经过卷曲成形后焊接制成的钢管。无缝钢管的优点在于无焊缝，故质量的均匀程度高、理化性能、力学性能亦较均匀，往往适用于一些重要场合。但受管径限制，几何尺寸精度的限制，在油气输送行业应用范围有缩小趋势，多用于小口径以及高压、高温、耐腐蚀场合。焊接钢管生产工艺简单，生产效率高，品种规格多，设备投资少，但一般强度低于无缝钢管。20世纪30年代以来，随着优质带钢连轧生产的迅速发展以及焊接和检验技术的进步，焊缝质量不断提高，焊接钢管的品种规格日益增多，并在越来越多的领域代替了无缝钢管。焊接钢管按焊缝的形式分为直缝焊管和螺旋焊管。直缝焊管生产工艺简单，生产效率高，成本低，发展较快。螺旋焊管的强度一般比直缝焊管高，能用较窄的坯料生产管径较大的焊管，还可以用同样宽度的坯料生产管径不同的焊管。但是与相同长度的直缝管相比，焊缝长度增加30％～100％，而且生产速度较低。因此，较小口径的焊管大都采用直缝焊，大口径焊管则大多采用螺旋焊。目前焊管主要有三种管型：高频直缝焊管（HFW）、螺旋埋弧焊管（SSAW）和直缝埋弧焊管（LSAW），它们有各自的优势。焊管技术发展的方向在于发挥焊管三种管型各自的优势，优势互补。

1. 高频直缝焊管（HFW）

高频焊又叫高频感应加热，高频焊是利用10～500kHz高频电流流经金属连接面产生电阻热并施加（或不施加）压力达到金属结合的一种焊接方法。

其优点是焊接速度大，焊接热影响区小，接头强度高，且没有铸造组织；在焊接热循环的顶锻或锻压阶段，所有熔化金属会从接头处挤出，可以消除引起焊接裂纹的低熔点相；焊后有热处理工序，消除焊缝及热影响区的残余应力，细化晶粒，强化力学性能；焊接薄材料工件不易被压弯或压溃，变形小。其缺点是设备投资高，对工件装配要求严，且对连续焊缝要求制备适当的V形坡口；必须采取对高频电流的防护措施和避免电波辐射干扰。

高频焊管典型生产流程：纵剪—开卷—带钢矫平—头尾剪切—带钢对焊—活套储料—成形—焊接—清除毛刺—定径—探伤—飞切—初检—钢管矫直—管段加工—水压试验—探伤检测—打印和涂层—成品。高频焊管生产工艺流程主要取决于产品品种，从原料到成品需要经过一系列工序，完成这些工艺过程需要相应的各种机械设备和焊接、电气控制、检测装置，这些设备和装置按照不同的工艺流程要求有多种合理布置。

2. 双面埋弧焊直缝钢管生产工艺流程

（1）板探 用来制造大口径埋弧焊直缝钢管的钢板进入生产线后，首先进行全板超声波检验。

（2）铣边 通过铣边机对钢板两边缘进行双面铣削，使之达到要求的板宽、板边平行度和坡口形状。

（3）弯边　利用预弯机进行板边预弯，使板边具有符合要求的曲率。

（4）成形　在 JCO 成形机上首先将预弯后的钢板的一半经过多次步进冲压，压成"J"形，再将钢板的另一半同样弯曲，压成"C"形，最后形成开口的"O"形。

（5）预焊　使成形后的直缝焊钢管合缝并采用气体保护焊（MAG）进行连续焊接。

（6）内焊　采用纵列多丝埋弧焊（最多可为五丝）在直缝钢管内侧进行焊接。

（7）外焊　采用纵列多丝埋弧焊在直缝埋弧焊钢管外侧进行焊接。

（8）超声波检测Ⅰ　对直缝焊钢管内外焊缝及焊缝两侧母材进行 100% 的检查。

（9）X 射线检查Ⅰ　对内外焊缝进行 100% 的 X 射线工业电视检查，采用图像处理系统以保证探伤的灵敏度。

（10）扩径　对埋弧焊直缝钢管全长进行扩径以提高钢管的尺寸精度，并改善钢管内应力的分布状态。

（11）水压试验　在水压试验机上对扩径后的钢管进行逐根检验以保证钢管达到标准要求的试验压力，该机具有自动记录和储存功能。

（12）倒棱　将检验合格后的钢管进行管端加工，达到要求的管端坡口尺寸。

（13）超声波检测Ⅱ　再次逐根进行超声波检验以检查直缝焊钢管在扩径、水压后可能产生的缺陷。

（14）X 射线检查Ⅱ　对扩径和水压试验后的钢管进行 X 射线工业电视检查和管端焊缝拍片。

（15）管端磁粉检验　进行此项检查以发现管端缺陷。

（16）防腐和涂层　合格后的钢管根据用户要求进行防腐和涂层镀锌等。

图 2-1　生产中的螺旋钢管

3.螺旋缝埋弧焊钢管生产工艺流程

螺旋缝埋弧焊钢管（图 2-1）是以热轧钢带卷作管坯，经常温螺旋成形，用双面埋弧焊法焊接，用于承压流体输送的螺旋缝钢管。钢管承压能力强，焊接性能好，经过各种严格的科学检验和测试，使用安全可靠。钢管口径大，输送效率高，并可节约铺设管线的投资。主要用于输送石油、天然气的管线。

螺旋缝埋弧焊钢管生产工艺流程如下：

① 原材料即带钢卷、焊丝、焊剂。在投入前都要经过严格的理化检验。把合格的钢带吊装在开卷机上，对钢带进行开卷、矫平。

② 带钢头尾对接，采用单丝或双丝埋弧焊接，在卷成钢管后采用自动埋弧焊补焊。

③ 成型前，带钢经过矫平、剪边、刨边、表面清理输送和预弯边处理。

④ 采用电接点压力表控制输送机两边压下油缸的压力，确保了带钢的平稳输送。

⑤ 采用外控或内控辊式成形。

⑥ 采用焊缝间隙控制装置来保证焊缝间隙满足焊接要求，管径、错边量和焊缝间隙都得到严格的控制。

⑦ 钢管成形后，对钢带实施内焊缝焊接。钢管内焊完毕后，由外焊工对焊缝实施外焊

缝焊接。内焊和外焊均采用单丝或双丝埋弧焊接，并保证焊接过程稳定进行。

⑧ 焊完的焊缝均经过在线连续超声波自动伤仪检查，保证了100％的螺旋焊缝的无损检测覆盖率。若有缺陷，自动报警并喷涂标记，生产工人依此随时调整工艺参数，及时消除缺陷。

⑨ 采用空气等离子切割机将钢管切成单根。

⑩ 切成单根钢管后，每批钢管头三根要进行严格的首检制度，检查焊缝的力学性能、化学成分、熔合状况、钢管表面质量以及经过无损探伤检验，确保制管工艺合格后，才能正式投入生产。

⑪ 焊缝上有连续超声波探伤标记的部位，经过手动超声波和 X 射线复查，如确有缺陷，经过修补后，再次经过无损检验，直到确认缺陷已经消除。

⑫ 带钢对焊焊缝及与螺旋焊缝相交的丁形接头的所在管，全部经过 X 射线电视或拍片检查。

⑬ 每根钢管经过静水压试验，压力采用径向密封。试验压力和时间都由钢管水压微机检测装置严格控制。试验参数自动打印记录。

⑭ 管端机械加工，使端面垂直度、坡口角和钝边得到准确控制。

⑮ 根据标准和客户要求在钢管一端内、外壁喷涂标识。

二、常用钢管

常用钢管的名称、标准、牌号及主要用途见表2-3。

表 2-3　常用钢管的名称、标准、牌号及主要用途

序号	名称及标准号	钢级或牌号	主要用途
1	高强度 X 系列钢管 API-5L	B、X42、X46、X52、X56、X60、X65、X70、X80	石油、天然气管线
2	低、中压锅炉用无缝钢管 GB 3087—1999	10、20	适用于制造各种结构低、中压锅炉及机车锅炉
3	低、中压锅炉用电焊钢管 GB 4102—2000	10、20	适用于制造各种结构低、中压锅炉及机车锅炉
4	低压液体输送用焊管 GB/T 3091—2001	Q215A、Q215B、Q295、Q235A、Q236B、Q345	用于水、污水、燃气、空气、采暖蒸汽等低压液体输送钢管
5	低压液体输送用焊管 GB/T 3092—1993	Q295A、Q295B、Q345A、Q345B	用于水、煤气及结构
6	锅炉用无缝钢管 GB 5310—1995		有三种材质,优质碳素结构钢、合金结构钢、不锈耐热钢,量材选用
7	结构用无缝钢管 GB 8162—1999		用于受力钢结构,如主柱、桁架、网架等
8	输送流体用无缝钢管 GB/T 8163—1999	10、20、Q295、Q345	输送流体
9	石油、天然气输送钢管 GB/T 9711.1—1997	L210、L245、L290、L320、L360、L390、L415、L450	用于石油、天然气输送

续表

序号	名称及标准号	钢级或牌号	主要用途
10	石油、天然气输送用直缝钢管 GB/T 9711.2—1999	L245N、L290N、L360N、L415N、L450N	用于石油、天然气输送
11	石油裂化用无缝钢管 GB/T 9948—1986		常用于不宜采用钢管 GB/T 8163 的场合
12	锅炉热交换器用不锈钢无缝钢管 GB/T 13296—1999	TP304、TP304L、TP316、TP316L、TP321、TP321L、TP310	锅炉热交换器
13	结构用不锈钢无缝钢管 GB/T 14975—2002		结构
14	流体输送用不锈钢无缝钢管 GB/T 14976—1994	TP304、TP304L、TP316、TP316L、TP321、TP321L、TP310	流体输送
15	低压流体输送用大直径焊管 GB/T 14980—1994		低压流体输送
16	化肥设备用高压无缝钢管 GB/T 6479—1998	碳素钢、10、20G、铬钼钢、不锈钢	化肥设备
17	石油、天然气用直缝焊管 API-5L	A、B、X42、X46、X50、X52、X56、X65	石油、天然气管道
18	方形或矩形结构钢管 GB 6728—2002、ASM A 500、JIS G 3466		结构

阅读材料——压力管道用新材料

玻璃钢管道：玻璃钢管道采用树脂（输送饮用水采用食品级树脂）、玻璃纤维、石英砂为原料，用特殊工艺制作而成。玻璃钢夹砂管以其优异的耐化学腐蚀、轻质高强、不结垢、抗震性强、与普通钢管比较使用寿命长、综合造价低、安装快捷、安全可靠等优点，成为化工行业、排水工程以及管线工程的最佳选择。

耐磨陶瓷复合管：全称陶瓷内衬复合钢管，是陶瓷复合钢管的一种。该管从内到外分别由刚玉陶瓷（Al_2O_3）、过渡层、钢三层组成。复合管因充分发挥了钢管及刚玉陶瓷的优点，具有良好的耐磨、耐热、耐蚀及抗机械冲击与热冲击、可焊性好等综合性能。是输送颗粒物料、磨削、腐蚀性介质等理想的耐磨、耐蚀管道，广泛应用于电力、冶金、矿山、煤炭、化工等行业。

孔网钢带聚乙烯复合管：是以冷轧钢带焊接的孔网管为增强骨架，复合热塑性塑料形成的复合管材。由于引入增强骨架，管材的耐压强度显著提高，选用不同种类和牌号的热塑性塑料可以生产不同用途的复合管材。孔网钢带塑料管按用途分为：给水用、埋地燃气用、热水用、化工用和特殊用数种用途。

超高分子量聚乙烯耐磨管道：超高分子量聚乙烯是一种具有优异综合性能的热塑性工程塑料。具有耐冲击、耐低温、耐磨损、耐化学腐蚀、自身润滑、吸收冲击能六个特性，被称为"神奇的塑料"。近年来这种新型塑料制品在欧美各国得到广泛使用，需求量越来越大。超高分子量聚乙烯耐磨管道（简称超高管）是由超高分子量聚乙烯为原材料配以各种助剂，经过专用挤出机挤出成形的管道。超高管的焊接工艺简便、直观、效率高，焊缝强度超过管材本体，为长距离管道，特别是为中、高压管道的安装提供了方便和保证，适用于原油集输管线，是一种更为适合企业使用的工业用传输系统。

图 2-2 为压力管道用新材料。

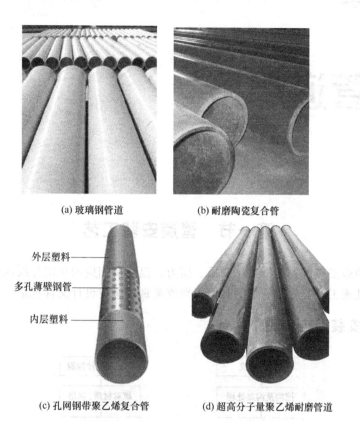

(a) 玻璃钢管道　　　　　(b) 耐磨陶瓷复合管

外层塑料
多孔薄壁钢管
内层塑料

(c) 孔网钢带聚乙烯复合管　　　(d) 超高分子量聚乙烯耐磨管道

图 2-2　压力管道用新材料

复习思考题

1. 解释下列专业名词：石墨化、热疲劳、蠕变、韧脆转变温度、柔性。
2. 管道在腐蚀环境下的腐蚀形式有哪些？
3. 压力管道系统结构应当具备哪些条件？
4. 压力管道金属材料的选用应遵循哪些原则？
5. 优质碳素钢、不锈耐热钢、铬钼合金钢的应用限制条件有哪些？
6. 列举国内外管线钢牌号。
7. 管道工程及管线钢的发展趋势如何？
8. 简述钢管的分类。
9. 简述双面埋弧焊直（螺旋）缝钢管生产工艺流程。

第三章

工业管道焊接

第一节　管道安装工艺

管道工程的施工应首先根据工作介质、压力、温度按相应的规定分级或分类，并按各自相应的技术标准施工及验收。管道的具体级别或类别，应按设计文件规定。

一、管道安装工艺流程图

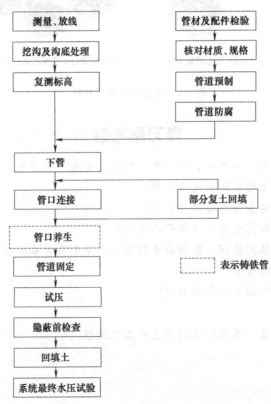

图 3-1　地下管道安装工艺流程

管道的铺设分地上和地下两种，地下管道安装工艺流程见图 3-1，地上管道安装工艺流程见图 3-2。

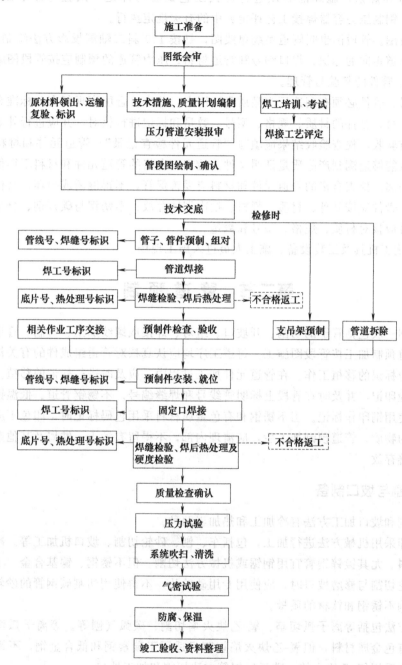

图 3-2 地上管道安装工艺流程

二、施工准备

① 技术准备。

熟悉、审查图纸及设计文件，组织图纸会审并参加设计交底；编制施工技术方案，并组织进行技术交底。

组织焊接工艺试验与评定，对已有焊接工艺评定的管材，选定合适的焊接工艺评定；首次使用的管材和焊条，施焊前必须进行焊接工艺试验与评定。试验与评定工作应按 JB 4708—2000《钢制压力容器焊接工艺评定》中的有关规定执行。

绘制管段图。管段图也叫管道系统单线图，是按 120°斜二轴测投影方法绘制的立体图，图上有表示管道走向的标识、焊口编号和管道材料。压力管道的预制应按管段图施工。

② 管材、管件的复验与管理。

所有管材、管件必须有制造厂产品质量证明书，并应符合国家现行有关标准和设计文件的规定。对管材、管件的材质、规格、型号、数量和标记进行核对，并应进行外观质量和几何尺寸的检查验收，检查验收结果应填写"管道元件检查记录"。管道元件和材料标识应清晰完整，并应能够追溯到产品质量证明文件。检查不合格的管道元件和材料不得使用，并应做好标识和隔离。检查合格的管道元件和材料应妥善保管，不得混淆或损坏，其标记应明显清晰。管材、管件应按品种、材质、规格、批次划区存放；不锈钢与碳素钢、合金钢应分别放置；发放时应核对材质、规格、型号和数量。

③ 准备施工机具及工装设备、施工人员进入施工现场。

第二节　管道预制

管道预制一般包括管子的切割、开坡口、组对、焊接或螺纹加工、弯制、管道支、吊架制作等。管道预制加工按管段图施工。每道工序均应认真核对管道组成件的有关标识，并做好材质及其他标识的移植工作。在管道元件加工过程中，应及时进行标记的移植。加工合格后，应有检验印记，并及时在管段上标明管线号和焊缝编号。不锈钢管道、低温钢管道及钛管道，不得使用钢印作标记。当不锈钢和有色金属材料采用色码标记时，印色不应含有对材料产生损害的物质。管道预制加工后，应清理内部，不得留有沙土、铁屑及其他杂物，并封闭两端、妥善存放。

一、切割与坡口制备

焊件切割和坡口加工方法有冷加工和热加工两种。

冷加工即采用机械方法进行加工，包括车、刨、砂轮切割、坡口机加工等。冷加工适用于所有的材料。尤其镀锌钢管宜用钢锯或机械方法切割。但不锈钢、镍基合金、工业纯钛等材料采用砂轮切割与修磨坡口时，应使用专用砂轮片，不得使用切割碳钢管的砂轮片，以免受污染而影响不锈钢和钛材的质量。

热加工方法包括等离子弧切割、氧-乙炔火焰切割、碳弧气刨等。等离子弧切割适用于高合金钢和有色金属材料，但氧-乙炔火焰切割只适用于碳素钢和低合金钢，不锈钢和有色金属管道不应采用氧-乙炔火焰、碳弧气刨等方法切割和加工坡口。

采用热加工方法加工坡口后，必须除去坡口表面氧化皮、熔渣及影响接头质量的表面层，并应将凹凸不平处打磨平整。对淬硬倾向大的合金钢，热加工切割容易产生表面淬硬层。表面淬硬层的厚度与切割方法、切割速度、工件材质、结构状况及环境条件有关。因此，对不同的材料应正确选用合适的热切割加工方法和采取相应的措施，减少淬硬层的厚度，否则应进行打磨消除处理。

钢管切口及坡口质量应符合下列要求。

① 表面平整,不得有裂纹、重皮、毛刺、凸凹、缩口、熔渣、氧化物和铁屑等。

② 管子切口端面倾斜偏差（图3-3）不大于管子外径的1%,且不得超过3mm。

③ 坡口斜面及钝边端面不平度不大于0.5mm,坡口尺寸和角度应符合设计及规范要求。

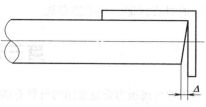

图 3-3 管子切口端面倾斜偏差
△—管子切口端面倾斜偏差

二、弯管

弯管方法分冷弯和热弯,冷弯是指在低于转变温度范围以下进行,热弯则在高于转变温度以上进行。冷弯一般采用机械法,当管子 $DN>25$mm 时,宜用电动或液压弯管机、顶管机弯制;当管子 $DN\leqslant25$mm 时,可用手动弯管机弯制。碳素钢、合金钢热弯一般采用中频加热法弯制;不锈钢宜用电炉加热,如用火焰加热时,宜在不锈钢管加热段的外部套装碳素钢管,防止与火焰直接接触。

弯管前应制定弯管工艺规程,弯管时应注意以下事项。

① 弯管前应进行壁厚减薄量和椭圆度试验。

② 弯管机的胎模应符合管子的外径要求,以保证弯管的质量。应采取措施防止弯曲用的芯轴和模具对管子内外表面造成的损伤,弯曲用的芯轴和模具应对不锈钢和有色金属材料不造成任何污染和损伤。

③ 金属温度低于5℃时不应进行弯管。

④ 冷弯时应考虑回弹,其回弹角大小与管材、壁厚及弯管的弯曲半径有关。

⑤ 热弯时,管子加热应缓慢、均匀,保证管子热透,并防止过烧。铜、铝管热弯时宜用木炭或电炉加热,不宜使用氧-乙炔焰或焦炭。

⑥ 合金钢热弯时不得浇水。

⑦ 管子弯制后,应将内外表面清理干净,管壁表面不应有裂纹、分层、过烧等缺陷。

弯管加工合格后,应填写《管道弯管加工记录》。

三、管道支吊架制作

管道支吊架应在管道安装前根据设计需用量集中加工、提前预制。在管道支吊架的制作工程中应注意以下问题。

① 管道支吊架的形式、加工尺寸应符合设计要求。

② 钢板、型钢一般宜采用机械切割,切割后应清除毛刺。切口质量应符合下列要求:

a. 剪切线与号料线偏差不大于2mm;

b. 断口处表面无裂纹,缺棱不大于1mm;

c. 型钢端面剪切斜度不大于2mm。

③ 管道支吊架的螺栓孔应用钻床或手工电钻加工,不得使用氧-乙炔火焰割孔。

④ 管道支吊架的卡环（或U形卡）应用扁钢弯制而成,圆弧部分应光滑、均匀,尺寸应与管子外径相符。

⑤ 管道支吊架焊接后应进行外观检查,角焊缝应焊肉饱满,过渡圆滑,不得有漏焊、欠焊、烧穿、咬边等缺陷。

⑥ 制作合格的管道支吊架,应涂防锈漆与标识,并妥善保管。合金钢管道支吊架应有

相应的材质标记，并单独存放。

第三节　工业管道焊接

工业金属压力管道常用的材料有碳素钢及合金钢、铝及铝合金、铜及铜合金、镍及镍合金、钛及钛合金等。目前国内工业管道焊接的主要方法有焊条电弧焊、钨极氩弧焊、熔化极氩弧焊、二氧化碳气体保护焊、埋弧焊、氧-乙炔焊等，分别适用于不同的焊接材料。其中氧-乙炔焊只适用于碳素钢和黄铜的焊接；二氧化碳气体保护焊主要在低合金钢的焊接上应用较广。惰性气体保护焊（钨极氩弧焊、熔化极氩弧焊）是焊接铝及铝合金、钛及钛合金的最佳方法。

一、压力管道焊接施工流程图

管道焊接施工流程见图3-4。

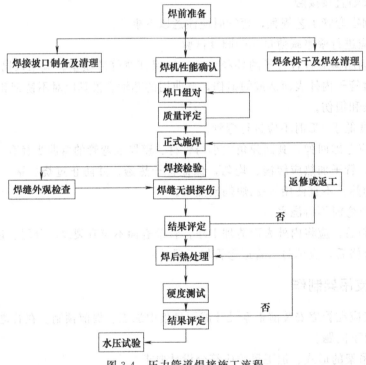

图3-4　压力管道焊接施工流程

二、焊前准备

1. 焊接坡口制备及清理

（1）坡口制备

① 坡口形式和尺寸。

焊接坡口的根本目的是确保接头根部的焊透，并使坡口面熔合良好。选择坡口形式和尺寸应考虑焊缝填充金属尽量少，避免产生缺陷，减少焊接残余应力和变形，减少异种金属焊缝的稀释率，有利于焊接防护，使焊工操作方便等因素，并根据接头形式、焊接位置、焊接方法、有无衬垫及使用条件确定。对于奥氏体不锈钢的焊接，还要注意坡口形式和尺寸对抗腐蚀性能的影响。坡口形式和尺寸应符合设计文件和焊接工艺指导书（WPS）的规定。典型的对接接头坡口形式和尺寸见图3-5。

② 坡口加工。

坡口表面应光滑并呈金属光泽，热切割产生的熔渣应清除干净。碳钢、碳锰钢可采用机械加工方法或火焰切割方法切割和制备坡口。低温镍钢和合金钢宜采用机械加工方法切割和制备坡口。若采用火焰切割，火焰切割后应采用机械加工或打磨方法去除热影响区。不锈钢、有色金属应采用机械加工或等离子切割方法切割和制备坡口。不锈钢、镍基合金及钛管采用砂轮切割或修磨时，应使用专用砂轮片。

③ 坡口检测。

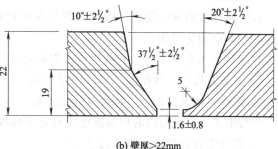

(a) 壁厚6～22mm

(b) 壁厚>22mm

图 3-5　典型的对接接头坡口形式和尺寸

当设计文件、相关标准对坡口表面要求进行无损检测时，检测及对缺陷的处理必须在施焊前完成。

（2）坡口清理

焊件坡口及内外表面，应在焊接前按表3-1要求进行清理，去除油漆、油污、锈斑、熔渣、氧化皮以及加热时对焊缝或母材有害的其他物质。

表 3-1　坡口及其内外表面的清理

材料	清理范围/mm	清理对象	清理方法
碳钢、低温钢、铬钼合金钢、不锈钢	≥10	油、漆、锈、毛刺等污物	手工或机械等方法
铝及铝合金	≥50	油污、氧化膜等	有机溶剂除油污、化学或机械方法除氧化膜
铜及铜合金	≥20		
钛及钛合金、镍及镍合金	≥50		

2. 焊接材料

焊接材料（包括焊条、焊丝、焊剂及焊接用气体）使用前应按设计文件和相关标准的规定进行检查和验收。焊接材料应具有质量证明文件和包装标记。焊接材料的储存应保持适宜的温度及湿度。室内应保持干燥、清洁，相对湿度应不超过60%。库存期超过规定期限的焊条、焊剂及药芯焊丝，应经复验合格后方可使用。复验应以考核焊接材料是否产生可能影响焊接质量的缺陷为主，一般仅限于外观及工艺性能试验。但对焊接材料的使用性能有怀疑时，可增加必要的检验项目。规定期限自生产日期始，可按下述方法确定。

① 焊接材料质量证明书或说明书推荐的期限。

② 酸性焊接材料及防潮包装密封良好的低氢型焊接材料为两年。

③ 石墨型焊接材料及其他焊接材料为一年。

焊条的烘干规范可参照焊接材料说明书。焊丝使用前应按规定进行除油、除锈及清洗处理。使用过程中应注意保持焊接材料的识别标记，以免错用。

3. 焊接设备

焊接设备正常运转是焊接质量保证的必要条件。手工焊时因焊接设备不完善而造成缺陷的情况较少，但自动焊机及其附属设备、工具如有故障和损坏，则对焊接结果有很大的影响，因此应提前对焊机和工装设备进行检查、校正，确认其工作性能稳定可靠。电流表、电压表等仪表应定期校验。

4. 焊接环境

焊接的环境温度应能保证焊件的焊接温度和焊工技能不受影响。环境温度低于 0℃时，应对焊件采取预热措施。

焊接时的风速应不超过下列规定，当超过规定时，应有防风设施。

① 手工电弧焊、埋弧焊、氧乙炔焊：8m/s。

② 钨极气体保护焊、熔化极气体保护焊：2m/s。

焊接电弧 1m 范围内的相对湿度应符合下列规定。

① 铝及铝合金焊接：应不大于 80%。

② 其他材料焊接：应不大于 90%。

当焊件表面潮湿、覆盖有冰雪、雨水以及刮风期间，焊工及工件无保护措施时，应停止焊接。

三、焊口组对

1. 坡口对接焊缝

① 坡口对接焊缝的组对应做到内壁齐平，内壁错边量应符合设计文件、焊接工艺指导书（WPS）或表 3-2 的规定。

表 3-2　管道组对内壁错边量

材　　料		内壁错边量
钢		≤壁厚的 10%，且≤2mm
铝及铝合金	壁厚≤5mm	≤0.5mm
	壁厚>5mm	≤壁厚的 10%，且≤2mm
铜及铜合金、钛及钛合金、镍及镍合金		≤壁厚的 10%，且≤1mm

② 不等壁厚的工件对接时，薄件端面的内侧或外侧应位于厚件端面范围之内。当内壁错边量大于表 3-2 规定，或外壁错边量大于 3mm 时，焊件端部应按图 3-6 进行削薄修整。端部削薄修整不得导致加工后的壁厚小于设计厚度 t_d。

2. 支管连接焊缝

① 安放式支管的端部制备及组对应符合图 3-7（a）、（b）的要求。

② 插入式支管的主管端部制备及组对应符合图 3-7（c）的要求。

③ 主管开孔与支管组对时的错边量应不大于 m 值［图 3-7（a）、（b）］，必要时可堆焊修正。

3. 组对间隙

接头的根部间隙应控制在焊接工艺指导书允许范围内。

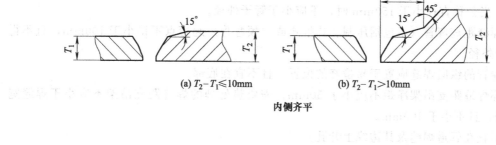

(a) $T_2-T_1 \leqslant 10mm$　　　　　(b) $T_2-T_1 > 10mm$

内侧齐平

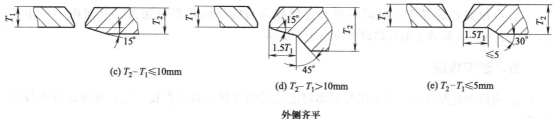

(c) $T_2-T_1 \leqslant 10mm$　　　(d) $T_2-T_1 > 10mm$　　　(e) $T_2-T_1 \leqslant 5mm$

外侧齐平

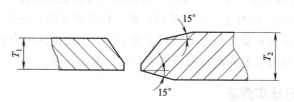

(f) 内外侧均不齐平

图 3-6　不等壁厚对接焊件的端部加工

注：用于管件时，如受长度限制，图（a）、（c）、（f）中的 15°角允许改为 30°。

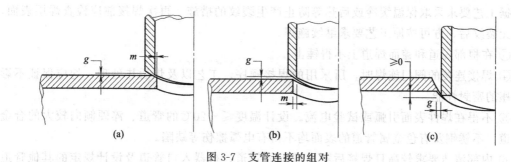

图 3-7　支管连接的组对

g—根部间隙，按焊接工艺指导书的规定；m—错边量，应不大于 3.2mm
或 $0.5T_b$（取较小值）；T_b—支管的名义厚度

4. 组对实施

除设计文件规定的管道预拉伸或预压缩焊口外，不得强行组对。需预拉伸或预压缩的管道焊缝，组对时所使用的工卡具应在整个焊缝焊接及热处理完毕并经检验合格后方可拆除。

焊件组对时应垫置牢固，并应采取措施防止焊接和热处理过程中产生附加应力和变形。

四、焊缝位置

管道焊缝位置应符合下列规定。

① 直管段上两对接焊口中心间距的距离，当公称直径大于或等于 150mm 时，不应小于 150mm；当公称直径小于 150mm 时，不应小于管子外径。

② 焊缝距离弯管（不包括压制、热推式或中频弯管）起弯点不得小于 100mm，且不得小于管子外径。

③ 卷管的纵向焊缝应置于易检修的位置，且不宜在底部。

④ 环焊缝距支吊架净距不应小于 50mm；需要热处理的焊缝距支吊架不应小于焊缝宽度的 5 倍，且不小于 100mm。

⑤ 不宜在管道焊缝及其边缘上开孔。

⑥ 有加固环的卷管，加固环的对接焊缝应与管子纵向焊缝错开，其间距不应小于 100mm。加固环距管子的环焊缝不应小于 50mm。

五、定位焊缝

① 定位焊缝焊接时，应采用与根部焊道相同的焊接材料和焊接工艺，并应由合格焊工施焊。

② 定位焊缝的长度、厚度和间距应能保证焊缝在正式焊接过程中不致开裂。

③ 根部焊接前，应对定位焊缝进行检查。如发现缺陷，处理后方可施焊。

④焊接的工卡具材质宜与母材相同或为 JB 4708 中的同一类别号。拆除工卡具时不应损伤母材，拆除后应将残留焊疤打磨修整至与母材表面齐平。

六、焊接的基本要求

① 焊缝（包括为组对而堆焊的焊缝金属）应由经评定合格的焊工，按评定合格的焊接工艺指导书（WPS）进行焊接。

② 除工艺或检验要求需分次焊接外，每条焊缝宜一次连续焊完，当因故中断焊接时，应根据工艺要求采取保温缓冷或后热等防止产生裂纹的措施。再次焊接前应检查焊层表面，确认无裂纹后，方可按原工艺要求继续施焊。

③ 在根部焊道和盖面焊道上不得锤击。

④ 焊接连接的阀门施焊时，所采用的焊接顺序、工艺以及焊后热处理，均应保证不影响阀座的密封性能。

⑤ 不得在焊件表面引弧或试验电流。设计温度≤−20℃的管道、淬硬倾向较大的合金钢管道、不锈钢及有色金属管道的表面均不得有电弧擦伤等缺陷。

⑥ 内部清洁要求较高且焊接后不易清理的管道、机器入口管道及设计规定的其他管道的单面焊焊缝，应采用氩弧焊进行根部焊道焊接。

⑦ 规定焊接热输入的焊缝，施焊时应测量电弧电压、焊接电流及焊接速度并作记录。焊接热输入应符合焊接工艺指导书的规定。

⑧ 规定焊缝层次时，应检查焊接层数，其层次数及每层厚度应符合焊接工艺指导书的规定。

⑨ 规定层间温度的焊缝，应测量层间温度，层间温度应符合焊接工艺指导书的规定。

⑩ 多层焊每层焊完后，应立即进行清理和目视检查。如发现缺陷，应消除后方可进行下一层焊接。

⑪ 规定进行层间无损检测的焊缝，无损检测应在目视检查合格后进行，表面无损检测

应在射线照相检测及超声波检测前进行，经检测的焊缝在评定合格后方可继续进行焊接。

⑫ 每个焊工均应有指定的识别代号。除工程另有规定外，管道承压焊缝应标有焊工识别标记。对无法直接在管道承压件上做焊工标记的，应用简图记录焊工识别代号，并将简图列入交工技术文件。

七、预热

1. 一般规定

预热的必要性以及预热温度应在焊接工艺指导书（WPS）中规定，并经焊接工艺评定验证。包括管道所有类型的焊接如定位焊、补焊和螺纹接头的密封焊。当用热加工法切割、开坡口、清根、开槽或施焊临时焊缝时，亦应考虑预热要求。

2. 预热温度

各种材料所要求和推荐的最低预热温度见表 3-3。需要预热的焊件，其层间温度应不低于预热温度。

表 3-3 预热温度

母材类别	较厚件的名义壁厚/mm	规定的母材最小抗拉强度/MPa	最低预热温度/℃	
碳钢（C）、碳锰钢（C-Mn）	<25	≤490	—	10
	≥25	全部	—	80
	全部	>490	—	80
合金钢（C-Mo、Mn-Mo、Cr-Mo）Cr≤0.5%	<13	≤490	—	10
	≥13	全部	—	80
	全部	>490	—	80
合金钢（Cr-Mo）0.5%<Cr≤2%	全部	全部	150	—
合金钢（Cr-Mo）2.25%≤Cr≤10%	全部	全部	175	—
奥氏体不锈钢	全部	全部	—	10①
铁素体不锈钢	全部	全部	—	10
马氏体不锈钢	全部	全部	—	150②
低温镍钢（Ni≤4%）	全部	全部	—	95
8Ni、9Ni 钢	全部	全部	—	—
5Ni 钢	全部	全部	10	—
铝、铜、镍、钛及其合金	全部	全部	—	10

① 奥氏体不锈钢焊接时，层间温度宜低于 150℃。
② 马氏体不锈钢焊接时，层间最高温度 315℃。

3. 预热温度的测量

① 预热温度应采用测温笔、热电偶或其他合适方法进行测量并记录，以保证在焊前及焊接过程中达到和保持焊接工艺指导书中规定的温度。测量仪表应经计量检定合格。

② 热电偶可用电容储能放电焊直接焊在工件上，可不必进行焊接工艺评定和技能评定。热电偶去除后，应检查焊点区域是否存在缺陷。

③ 预热区域应以焊缝中心为基准，每侧应不小于焊件厚度的 3 倍，且不小于 25mm。

4. 中断焊接

焊接中断时，应控制合理的冷却速度或采取其他措施防止对管道产生有害影响。再次焊接前，应按焊接工艺指导书的规定重新进行预热。

八、焊后热处理

1. 焊后热处理的基本要求

① 焊后热处理工艺应在焊接工艺指导书中规定，并经焊接工艺评定验证。

② 焊后热处理温度应符合表 3-4 的规定。

③ 调质钢焊缝的焊后热处理温度应低于其回火温度。

④ 铁素体钢之间的异种钢焊后热处理，应按表 3-4 两者之中的较高热处理温度进行，但不应超过另一侧钢材的临界点 A_{c1}。

⑤ 有应力腐蚀倾向的焊缝应进行焊后热处理。

⑥ 对容易产生焊接延迟裂纹的钢材，焊后应及时进行热处理。当不能及时进行焊后热处理时，应在焊后立即均匀加热至 200～300℃，并保温缓冷。加热保温范围应与焊后热处理要求相同。

表 3-4　焊后热处理的基本要求

母材类别	名义厚度/mm	母材最小规定抗拉强度/MPa	金属热处理温度/℃	保温时间/(min/mm)	最短保温时间/h	布氏硬度[2] ≤
碳钢(C)、碳锰钢(C-Mn)	≤19	全部	无	—	—	—
	>19	全部	600～650	2.4	1	200
合金钢(C-Mo、Mn-Mo、Cr-Mo) Cr ≤0.5%	≤19	≤490	无	—	—	225
	>19	全部	600～720	2.4	1	225
	全部	>490	600～720	2.4	1	225
合金钢(Cr-Mo) 0.5%<Cr≤2%	≤13	≤490	无	—	—	225
	>13	全部	700～750	2.4	2	225
	全部	>490	700～750	2.4	2	225
合金钢(Cr-Mo) 2.25% ≤Cr≤3% 和 C≤0.15%	≤13	全部	无	—	—	—
	>13	全部	700～760	2.4	2	241
合金钢(Cr-Mo) 3% ≤Cr≤10% 或 C>0.15%	全部	全部	700～760	2.4	2	241
马氏体不锈钢	全部	全部	730～790	2.4	2	241
奥氏体不锈钢	全部	全部	无	—	—	—
铁素体不锈钢	全部	全部				187
低温镍钢(Ni≤4%)	≤19		无	—	—	—
	>19	全部	600～640	1.2	1	—
双向不锈钢	全部	全部	①	1.2	0.5	—

① 双相不锈钢焊后热处理既不要求也不禁止，但热处理应按材料标准要求。

② 设计有规定时，碳钢和奥氏体不锈钢的硬度可按表列数值控制。

2. 加热和冷却

热处理应保证温度的均匀性和温度控制，可采用炉内加热、局部火焰加热、电阻或电感应等加热方法。可采用炉冷、空冷、局部加热、绝热或其他合适的方法来控制冷却速率。

一般情况下，热处理的加热和冷却速率应符合下列规定。

① 当温度升至 400℃ 以上时，加热速率应不大于 $(205×25/T)$℃/h，且不得大于

205℃/h（T 为热处理部位的最大厚度，下同）。

② 保温后的冷却速率不应大于（$260×25/T$）℃/h，且不得大于 260℃/h，400℃以下可自然冷却。

宜采用自动测温记录仪在整个热处理过程中连续测量记录热处理温度。测温记录仪在使用前应经校验合格。

3. 硬度检查

要求焊后热处理的焊缝、热弯和热成形加工的管道元件，热处理后应测量硬度值。焊缝的硬度测定区域应包括焊缝和热影响区，热影响区的测定区域应紧邻熔合线。

硬度检查数量：

① 表 3-4 中有硬度值要求的材料，炉内热处理的每一热处理炉次应至少抽查 10% 进行硬度值测定；局部热处理者应 100% 进行硬度值测定。

② 表 3-4 中未注明硬度值要求的材料，每炉（批）次应至少抽查 10% 进行硬度值测定。

除设计另有规定外，焊缝热处理后的硬度值应符合下列规定：

① 表 3-4 中有硬度值要求的材料，焊缝和热影响区的硬度值应符合表 3-4 的规定。

② 表 3-4 中未注明硬度值要求的材料，焊缝和热影响区的硬度值：碳钢不应大于母材硬度值的 120%；其他材料不应大于母材硬度值的 125%。

异种金属材料焊接时，两侧母材和焊缝均应符合表 3-4 规定的各自硬度值范围。

4. 分段热处理

当装配焊接后的管道不能整体进炉热处理时，允许分段热处理。分段处应有宽度≥300mm 的搭接带。分段热处理时，炉外的部分应适当保温，防止较大的温度梯度。

5. 局部热处理

局部热处理时，加热范围应包括主管或支管的整个环形带均达到规定的温度范围。加热环形带应有足够的宽度。焊缝局部热处理的加热范围每侧应不小于焊缝宽度的 3 倍；弯管局部热处理的加热范围应包括弯曲或成形部分及其两侧至少 25mm 的宽度。加热带以外部分应在 100～150mm 范围保温。

第四节 工业管道的检查、检验和试验

检验是由业主或独立于管道建造以外的检验机构，证实产品或管道建造是否满足规范和工程设计要求的符合性评审工作。检验人员是业主或检验机构从事检验工作的专职人员。检验人员有权进入任何正在进行管道组成件制造和管道制作、安装的场所，其中包括制造、制作、热处理、装配、安装、检查和试验的场所。检验人员有权审查任何检查和和试验结果的记录，包括有关证书，并按照规范和工程规定进行评定。

一、检查类型和方法

1. 目视检查

目视检查是对易于观察或能暴露检查的组成件、连接接头及其他管道元件的部分在其制造、制作、装配、安装、检查或试验之前、进行中或之后进行观察。这种检查包括核实材料、组件、尺寸、接头的制备、组对、焊接、粘接、钎焊、法兰连接、螺纹或其他连接方法、支承件、装配以及安装等的质量是否达到规范和工程设计的要求。

2. 无损检测

焊接接头的无损检测分为磁粉检测、渗透检测、射线检测、超声波检测，检测方法按 JB 4730 的规定进行。

3. 硬度试验

焊接接头、热弯以及热成形组件的硬度检查用于检查热处理工艺的效果及可靠性。设计者应在设计文件中对不同材质不同工况要求的热处理后硬度值予以规定。

二、焊缝外观检查

检查工具主要有标准样板和焊缝检验尺等，如图 3-8 所示。

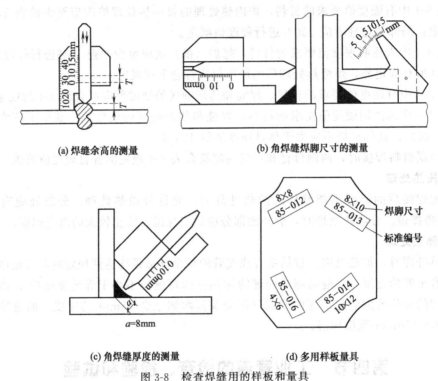

(a) 焊缝余高的测量   (b) 角焊缝焊脚尺寸的测量

(c) 角焊缝厚度的测量   (d) 多用样板量具

图 3-8　检查焊缝用的样板和量具

1. 检查等级

管道焊缝的检查等级划分应符合表 3-5 的规定。

表 3-5　管道焊缝的检查等级划分

焊缝检查等级	管 道 类 别
I	①毒性程度为极度危害的流体管道 ②设计压力大于或等于 10MPa 的可燃流体、有毒流体的管道；或等于 4MPa，小于 10MPa，且设计温度大于或等于 400℃的可燃流体、有毒流体的管道 ③设计压力大于或等于 10MPa，且设计温度大于或等于 400℃的非可燃流体、无毒流体的管道 ④设计文件注明为剧烈循环工况的管道 ⑤设计温度低于−20℃的所有流体管道 ⑥夹套管的内管 ⑦按本规范第 8.5.6 条规定做替代性试验的管道 ⑧设计文件要求进行焊缝 100％无损检测的其他管道

焊缝检查等级	管 道 类 别
II	①设计压力大于或等于4MPa、小于10MPa,设计温度低于400℃,毒性程度为高度危害的流体管道 ②设计压力小于4MPa,毒性程度为高度危害的流体管道 ③设计压力大于或等于4MPa、小于10MPa,设计温度低于400℃的甲、乙类可燃气体和甲类可燃液体的管道 ④设计压力大于或等于10MPa,且设计温度小于400℃的非可燃流体、无毒流体的管道 ⑤设计压力大于或等于4MPa、小于10MPa,且设计温度大于或等于400℃的非可燃流体、无毒流体的管道 ⑥设计文件要求进行焊缝20%无损检测的其他管道
III	①设计压力大于或等于4MPa、小于10MPa,设计温度低于400℃,毒性程度为中毒和轻度危害的流体管道 ②设计压力小于4MPa的甲、乙类可燃气体和甲类可燃液体管道 ③设计压力大于或等于4MPa、小于10MPa,设计温度低于400℃的乙、丙类可燃液体管道 ④设计压力大于或等于4MPa、小于10MPa,设计温度低于400℃的非可燃流体、无毒流体的管道 ⑤设计压力大于1MPa小于4MPa,设计温度高于或等于400℃的非可燃流体、无毒流体的管道 ⑥设计文件要求进行焊缝10%无损检测的其他管道
IV	①设计压力小于4MPa,毒性程度为中毒和轻度危害的流体管道 ②设计压力小于4MPa的乙、丙类可燃液体管道 ③设计压力大于1MPa小于4MPa,设计温度低于400℃的非可燃流体、无毒流体的管道 ④设计压力小于或等于1MPa,且设计温度大于185℃的非可燃流体、无毒流体的管道 ⑤设计文件要求进行焊缝5%无损检测的其他管道
V	设计压力小于或等于1.0MPa,且设计温度高于−20℃但不高于185℃的非可燃流体、无毒流体的管道

注:氧气管道的焊缝检查等级由设计文件的规定确定。

2. 钛(锆)及钛(锆)合金色泽检查

钛及钛合金、锆及锆合金的焊缝表面除了应进行外观质量检查外,还应在焊后清理前进行色泽检查。钛及钛合金焊缝的色泽检查结果应符合表3-6的规定。锆及锆合金的焊缝表面应为银白色,可有淡黄色存在,但应清除。

表 3-6 钛及钛合金焊缝的色泽检查

焊缝表面颜色	保 护 效 果	质 量
银白色(金属光泽)	优	合格
金黄色(金属光泽)	良	合格
紫色(金属光泽)	低温氧化,焊缝表面有污染	合格
蓝色(金属光泽)	高温氧化,焊缝表面污染严重,性能下降	不合格
灰色(金属光泽)	保护不好,污染严重	不合格
暗灰色	保护不好,污染严重	不合格
灰白色	保护不好,污染严重	不合格
黄白色	保护不好,污染严重	不合格

3. 管道焊缝的外观质量要求

所有焊缝的观感质量应外形均匀,成形应较好,焊道与焊道、焊道与母材之间应平滑过渡,焊渣和飞溅物应清除干净。焊缝应进行外观自检和专检,自检率为100%,专检率根据设计要求执行。外观检查质量应符合设计要求,当设计无规定时,管道焊缝的外观质量不应低于现行国家标准的有关规定,应符合以下要求。

① 焊缝外观成形良好,与母材圆滑过渡,其宽度以每边盖过坡口边缘2mm为宜。

② 焊缝表面不允许有裂纹、未熔合、气孔、夹渣、飞溅等存在。

③ 设计温度低于−29℃的管道、不锈钢和淬硬倾向较大的合金钢管道焊缝表面，不得有咬边现象。其他材质管道咬边深度不大于 0.5mm，连续咬边长度不大于 100mm，且焊缝两侧咬边总长不大于该焊缝全长的 10%。

④ 焊缝表面不得低于管道表面。焊缝余高≤1mm+0.2mm 焊缝坡口宽度，且不大于 3mm。

⑤ 焊接接头错边不应大于壁厚的 10%，且不大于 2mm。

三、焊缝射线检测和超声波检测

除设计文件另有规定外，现场焊接的管道及管道组成件的对接纵缝和环缝、对接式支管连接焊缝应进行射线检测或超声检测。对射线检测或超声检测发现有不合格的焊缝，经返修后，应采用原规定的检验方法重新进行检验。焊缝质量应符合下列规定：

100%射线检测的焊缝质量合格标准不应低于国家现行标准 JB/T 4730.2《承压设备无损检测　第 2 部分：射线检测》规定的Ⅱ级；抽样或局部射线检测的焊缝质量合格标准不应低于国家现行标准 JB/T 4730.2《承压设备无损检测　第 2 部分：射线检测》规定的Ⅲ级。

100%超声检测的焊缝质量合格标准不应低于国家现行标准 JB/T 4730.3《承压设备无损检测　第 3 部分：超声检测》规定的Ⅰ级；抽样或局部超声检测的焊缝质量合格标准不应低于国家现行标准 JB/T 4730.3《承压设备无损检测　第 3 部分：超声检测》规定的Ⅱ级。

1. 检验数量

检验数量应符合设计文件和下列规定。

① 管道焊缝无损检测的检验比例应符合表 3-7 的规定。

表 3-7　管道焊缝无损检测的检验比例

焊缝检查等级	Ⅰ	Ⅱ	Ⅲ	Ⅳ	Ⅴ
无损检测比例/%	100	≥20	≥10	≥5	—

② 管道公称尺寸小于 500mm 时，应根据环缝数量按规定的检验比例进行抽样检验，且不得少于 1 个环缝。环缝检验应包括整个圆周长度。固定焊的环缝抽样检验比例不应少于 40%。

③ 管道公称尺寸大于或等于 500mm 时，应对每条环缝按规定的检验数量进行局部检验，并不得少于 150mm 的焊缝长度。

④ 纵缝应按规定的检验数量进行局部检验，且不得少于 150mm 的焊缝长度。

⑤ 抽样或局部检验时，应对每一焊工所焊的焊缝按规定的比例进行抽查。当环缝与纵缝相交时，应在最大范围内包括与纵缝的交叉点，其中纵缝的检查长度不应少于 38mm。

⑥ 抽样或局部检验应按检验批进行。检验批和抽样或局部检验的位置应由质量检查人员确定。

2. 检验方法

检查射线或超声检测报告和管道轴测图。

当焊缝局部检验或抽样检验发现有不合格时，应在该焊工所焊的同一检验批中采用原规定的检验方法做扩大检验。当出现一个不合格焊缝时，应再检验该焊工所焊的同一检验批的两个焊缝；当两个焊缝中任何一个又出现不合格时，每个不合格焊缝应再检验该焊工所焊的同一检验批的两个焊缝。当再次检验又出现不合格时，应对该焊工所焊的同一检验批的焊缝进行100％检验。

四、焊缝表面无损检测

除设计文件另有规定外，现场焊接的管道和管道组成件的承插焊焊缝、支管连接焊缝（对接式支管连接除外）和补强圈焊缝、密封焊缝、支吊架与管道的连接焊缝，以及管道上的其他角焊缝，其表面应进行磁粉检测或渗透检测。磁粉检测或渗透检测发现的不合格焊缝，经返修后，返修部位应采用原规定的检验方法重新进行检验。焊缝质量合格标准不应低于国家现行标准 JB/T 4730.4《承压设备无损检测 第4部分：磁粉检测》和 JB/T 4730.5《承压设备无损检测 第5部分：渗透检测》规定的Ⅰ级。

五、硬度检验

要求热处理的焊缝和管道组成件，热处理后应进行硬度检验。当管道组成件和焊缝重新进行热处理时，应重新进行硬度检验。除设计文件另有规定外，热处理后的硬度值应符合表3-8的规定。表3-8中未列入的材料，其焊接接头的焊缝和热影响区硬度值，碳素钢不应大于母材硬度值的120％；合金钢不应大于母材硬度值的125％。

表3-8 热处理焊缝和管道组成件的硬度合格标准

母 材 类 别	布氏硬度(HB)
碳钼钢(C-Mo)、锰钼钢(Mn-Mo)、铬钼钢(Cr-Mo)：Cr≤0.5％	225
铬钼钢(Cr-Mo)：0.5％＜Cr≤2％	225
铬钼钢(Cr-Mo)：2％＜Cr≤10％	241
马氏体不锈钢	241

1. 检查数量

应符合设计文件和下列规定的检查范围。

① 炉内热处理的每一热处理炉次应抽查10％；局部热处理时应进行100％检验。

② 焊缝的硬度检验区域应包括焊缝和热影响区。对于异种金属的焊缝，两侧母材热影响区均应进行硬度检验。

2. 检查方法

检查硬度检验报告和管道轴测图。

对于硬度抽样检验的管道组成件和焊接接头，当发现硬度值有不合格时，应做扩大检验。

六、压力试验

管道安装完毕、热处理和无损检测合格后，应进行压力试验。压力试验前，应检查压力试验范围内的管道系统，除涂漆、绝热外应已按设计图纸全部完成，安装质量应符合设计文件和国家标准的有关规定，且试压前的各项准备工作应已完成。

1. 液压试验

（1）液压试验规定 液压试验应使用洁净水。当水对管道或工艺有不良影响并有可能损坏管道时，可使用其他合适的无毒液体。当采用可燃液体介质进行试验时，其闪点不得低于50℃。

液压试验温度严禁接近金属材料的脆性转变温度。

试验压力应符合下列规定。

① 承受内压的地上钢管道及有色金属管道试验压力应为设计压力的1.5倍。埋地钢管道的试验压力应为设计压力的1.5倍，且不得低于0.4MPa。

② 当管道的设计温度高于试验温度时，试验压力应按下式计算，并应校核管道在试验压力（p_T）条件下的应力。当试验压力在试验温度下产生超过屈服强度的应力时，应将试验压力降至不超过屈服强度时的最大压力。

$$p_T = 1.5p[\sigma]_T/[\sigma]_t \tag{3-1}$$

式中　p_T——试验压力（表压），MPa；

　　　p——设计压力（表压），MPa；

　　　$[\sigma]_T$——试验温度下，管材的许用应力，MPa；

　　　$[\sigma]_t$——设计温度下，管材的许用应力，MPa。

当 $[\sigma]_T/[\sigma]_t$ 大于6.5时，取6.5。

③ 当管道与设备作为一个系统进行试验，且管道的试验压力等于或小于设备的试验压力时，应按管道的试验压力进行试验。当管道试验压力大于设备的试验压力，且无法将管道与设备隔开，以及设备的试验压力不小于按式（3-1）计算的管道试验压力的77%时，经设计或建设单位同意，可按设备的试验压力进行试验。

④ 承受内压的埋地铸铁管道的试验压力，当设计压力小于或等于0.5MPa时，应为设计压力的2倍；当设计压力大于0.5MPa时，应为设计压力加0.5MPa。

⑤ 对位差较大的管道，应将试验介质的静压计入试验压力中。液体管道的试验压力应以最高点的压力为准，其最低点的压力不得超过管道组成件的承受力。

⑥ 对承受外压的管道，其试验压力应为设计内、外压力之差的1.5倍，且不得低于0.2MPa。

⑦ 夹套管内管的试验压力应按内部或外部设计压力的较大者确定。夹套管外管的试验压力除设计文件另有规定外，应按本规范第①条的规定进行。

液压试验时，应缓慢升压，待达到试验压力后，稳压10min，再将试验压力降至设计压力，稳压30min，以压力表压力不降、管道所有部位无渗漏为合格。

（2）特例　不锈钢、镍及镍合金管道，或连有不锈钢、镍及镍合金管道组成件或设备的管道，在进行水压试验时，水中氯离子含量不得超过25×10^{-6}。

2. 气压试验

气压试验应符合下列规定。

① 试验介质应采用干燥洁净的空气、氮气或其他不易燃和无毒的气体。

② 气压试验温度严禁接近金属材料的脆性转变温度。

③ 承受内压钢管及有色金属管的试验压力应为设计压力的1.15倍。真空管道的试验压力应为0.2MPa。

④ 气压试验时应装有压力泄放装置，其设定压力不得高于试验压力的1.1倍。

⑤ 气压试验前，应用空气进行预试验，试验压力宜为0.2MPa。

⑥ 气压试验时，应逐步缓慢增加压力，当压力升至试验压力的 50％时，如未发现异状或泄漏，应继续按试验压力的 10％逐级升压，每级稳压 3min，直至试验压力。应在试验压力下保持 10min，再将压力降至设计压力，应以发泡剂检验无泄漏为合格。

3. 泄漏性试验

泄漏性试验应按设计文件的规定进行，并应符合下列规定。

① 输送极度和高度危害流体以及可燃流体的管道时，必须进行泄漏性试验。

② 泄漏性试验应在压力试验合格后进行。试验介质宜采用空气。

③ 泄漏性试验压力应为设计压力。

④ 泄漏性试验应逐级缓慢升压，当达到试验压力，并停压 10min 后，应巡回检查阀门填料函、法兰或螺纹连接处、放空阀、排气阀、排净阀等所有密封点，应以无泄漏为合格。

4. 其他

现场条件不允许进行管道液压和气压试验时，经建设单位和设计单位同意，可采用无损检测、管道系统柔性分析和泄漏试验代替压力试验，并应符合下列规定。

① 所有环向、纵向对接焊缝和螺旋焊焊缝应进行 100％射线检测或 100％超声检测；其他未包括的焊缝（支吊架与管道的连接焊缝）应进行 100％的渗透检测或 100％的磁粉检测。焊缝无损检测合格标准应符合上述相关规定。

② 管道系统的柔性分析方法和结果应符合现行国家标准的有关规定。

③ 管道系统应采用敏感气体或浸入液体的方法进行泄漏试验，当设计文件无规定时，泄漏试验应符合下列规定。

a. 试验压力不应小于 105kPa 或 25％设计压力两者中的较小值。

b. 应将试验压力逐渐增加至 0.5 倍试验压力或 170kPa 两者中的较小值，然后进行初检，再分级逐渐增加至试验压力，每级应有足够的时间以平衡管道的应变。

c. 试验结果应符合上述相关的规定。

七、焊缝返修

所有现场组焊设备的对接焊缝应按设计要求进行无损检测，执行 JB/T 4730.1—2005《压力容器无损检测》标准。经无损检测发现的不合格焊缝必须进行返修，焊缝返修后按原要求重新进行无损检测。

缺陷的清除采用磨光机打磨或碳弧气刨的方法，用碳弧气刨时要彻底清除渗碳层、刨槽应修成补焊的形状，并经着色检验确认缺陷被清除后方可补焊。焊缝返修程序如图 3-9 所示。

焊缝返修应符合下列规定。

① 焊道中出现的非裂纹性缺陷，可直接返修。若返修工艺不同于原始焊道的焊接工艺，或返修是在原来的返修位置进行时，必须使用评定合格的返修焊接工艺规程。

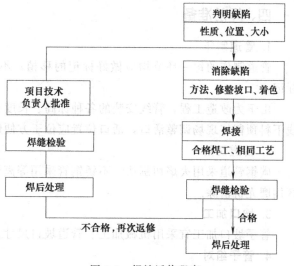

图 3-9 焊缝返修程序

② 当裂纹长度小于焊缝长度的 8%时，应使用评定合格的返修焊接规程进行返修。当裂纹长度大于 8%时，所有带裂纹的焊缝必须从管线上切除。

③ 不合格焊缝同一部位返修次数，碳钢管道不得超过两次，其余钢种管道不得超过两次，根部只允许返修一次，否则应将该焊缝切除。返修后，按原标准检测。

第五节　工业管道工程焊接实例

工业管道具有输送压力高、温度高的特点，是压力管道中工艺流程种类最多、生产制作和环境状态变化最为复杂，输送的介质较多、条件较为苛刻的管道。下面我们就通过具体的工业管道焊接工程案例来学习管道的制作、装配、焊接及检验等知识。

某厂 80 万吨/年重油催化裂化装置 MGD 改造工程工艺管道改造工程，改造时需对相关的工艺管线进行大量拆除和复原。

一、工程特点

本装置为技术改造工程，施工均在原装置区内进行，涉及与原有管线及设备碰头，原有管线内可能有残留物，危险性大。

管线最高设计温度 300℃，管线最高设计压力 2.25MPa。

二、施工程序

核对材质、规格、标记→管子调直→管子标记移植→管子切割、坡口加工→管子、管件组对→预组装→编号→焊接、热处理、探伤→焊缝返修→压力试验→除锈涂漆→分类摆放。

三、主要焊接实物工程量

不锈钢管（0Cr18Ni10Ti）60m，最大规格 ϕ60mm×3.5mm；钢板卷管 8m，规格为 ϕ720mm×8mm；碳钢无缝管 591m，最大规格 ϕ377mm×9.5mm。不锈钢管件 46 个；碳钢管件 210 个。

四、焊前准备

1. 管道制作
管道制作的每一环节均应做好标记的移植；不锈钢管做标记移植时，不得采用钢印做标记。

由于为改造工程，管线安装的各种标高、长度必须根据现场实际测量尺寸方能下料。管线下料预留好现场调整活口，活口位置应位于方便焊接的位置（如靠近地面、平台处）。

2. 管道切割
碳钢管道采用火焰切割法。不锈钢管采用等离子切割机切割，切割后将切割表面热影响区用磨光机清除。

3. 坡口加工
管子坡口加工宜采用机械加工。管道坡口尺寸及组对形式见表 3-9。

4. 管子组对
① 管子组对前将坡口两侧 20mm 范围内的油污、水、毛刺等污物清理干净。

表 3-9 管道坡口尺寸及组对形式 mm

坡口名称	坡口形式	坡口尺寸	
Y形坡口	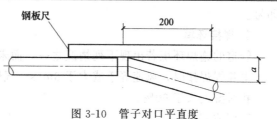	$\delta \leqslant 8$ $\alpha = 60° \sim 70°$ $c = 1.5 \sim 2.5$ $b = 1 \sim 1.5$	$\delta \geqslant 8$ $\alpha = 60° \sim 65°$ $c = 2 \sim 3$ $b = 1 \sim 1.5$

② 同壁厚管道组对内壁错边量应符合以下要求：SHB 级管道为壁厚的 10%，且不大于 1mm；其他管道应为壁厚的 20%，且不大于 2mm。

③ 管子对口平直度要求见图 3-10。

当 $DN < 100$mm 时，$a \leqslant 1$mm；$DN \geqslant 100$mm，$a \leqslant 2$mm。

④ 预制完管道要及时封口，并有足够的刚度。

图 3-10 管子对口平直度

五、管道焊接

1. 焊接材料

焊接用焊材选用及烘干要求见表 3-10。

表 3-10 焊接用焊材选用及烘干要求

母 材	焊 材	烘干温度/℃	恒温时间/h	待用温度/℃
20	E4303	150～200	1	100
0Cr18Ni10Ti	A137	200～250	1	100～150
	A132	150～200		
0Cr18Ni10Ti/20	A307	200～250	1	100～150
Cr5Mo	R507	250～350	1	150～250
15CrMo	R507	250～350	1	150～250

2. 焊接方法

所有 SHB 级管道和转动设备入口管道焊缝采用氩（电）联焊，SHB 级以下管道采用手弧焊。管道焊接不得使用氧-乙炔焰焊接。

3. 焊接工艺参数

各种材质管道焊接工艺参数见表 3-11。

表 3-11 各种材质管道焊接工艺参数

焊接材质	焊接规格/mm	焊接方法	焊材/mm	焊接电流/A	电弧电压/V	气体流量/(L/min)	备注/mm
20	$\leqslant \phi 60$	TIG	H08Mn2SiA $\phi 2.5$	130～150	18～20	8～10	铈钨棒直径为 $\phi 2.5$
	$> \phi 60$	TIG + SMAW	H08Mn2SiA $\phi 2.5$ J422 $\phi 3.2$ J422 $\phi 4.0$	130～150 100～120 130～150	8～20 22～24	8～10	
0Cr18Ni10Ti		TIG + SMAW	H0Cr18Ni10Ti $\phi 2.5$ A137/A132 $\phi 3.2$ A137/A132 $\phi 4.0$	140～160 130～150 140～160	20～22 22～24 25～27	8～10	

4. 焊接要求

打底焊焊缝必须完全熔透，焊缝背面在管内的凸起高度不得超过1mm。

不锈钢管及管件焊接时，严禁在焊缝外的部位引弧，地线应与焊件紧密可靠连接，严防电弧擦伤，更不允许在管子和管件表面引弧。

耐热钢焊接时除焊接工艺有特殊要求外，每条焊缝应一次连续焊完。焊接完毕后，应及时将焊缝表面的熔渣及附近的飞溅物清理干净，并在离焊缝80～100mm处打上焊工钢印号。

5. 焊接环境

管道的施焊环境若出现下列情况之一，而未采取防护措施时，应停止焊接工作：

电弧焊焊接时，风速等于或大于8m/s；气体保护焊焊接时，风速等于或大于2m/s；

相对湿度大于90%；

下雨或下雪。

六、焊接检验及返修

1. 外观检查

焊接完毕，经焊工自检合格，由现场质检员进行外观质量检验，不允许有裂纹、未熔合、气孔、夹渣、飞溅存在，不锈钢管焊缝表面，不得有咬边现象。其他材质管道焊缝咬边深度不得大于0.5mm，连续咬边长度不大于100mm且焊缝两侧咬边总长不得大于该焊缝全长的10%。

焊缝外观成形良好，坡口单侧熔宽以2mm为宜。角焊缝焊脚高度应符合设计规定，外形应平缓过渡。

2. 无损检测

焊缝按每名焊工焊接的同材质、同规格管道的焊接接头数量进行随机抽查，被抽查焊道中固定焊的数量不得低于40%，且不得少于一道。

管道探伤比例及合格等级如下：P-2G205/2线（轻质原料油）为SHBⅠ级管道探伤比例为10%，Ⅱ级合格；其余油气管道均为SHBⅡ级，探伤比例为5%，合格等级Ⅲ级。水线、风线、蒸汽线不探伤。不锈钢管道100%探伤。

每名焊工焊接的同材质、同规格管道的承插焊和跨接式三通支管的焊接接头，采用渗透检测方法进行抽检，抽检比例如下且不得少于一道。

SHBⅠ级管道：10%；SHBⅡ级管道：5%；不锈钢管道：100%。

同一管线的焊接接头若有不合格，应按该焊工的不合格数加倍检验，若仍不合格，则应全部检验。

3. 焊缝返修

不合格焊缝由无损检测人员将焊缝返修通知单报质量检查员，并发施工班组返修，返修的焊缝100%复探。

阅读材料——管道防腐

管道防腐是避免管道遭受土壤、空气和输送介质（石油、天然气等）腐蚀的防护技术。输送油、气的管道大多处于复杂的土壤环境中，所输送的介质也多有腐蚀性，因而管道内壁和外壁都可能遭到腐蚀。一旦管道被腐蚀穿孔，即造成油、气漏失，不仅使运输中断，而且会污染环境，甚至可能引起火灾，造成危害。据美国管道工业的统计资料，1975 年由于腐蚀造成的直接损失达 6 亿美元。因此，防止管道腐蚀是管道工程的重要内容。

金属腐蚀分为金属的化学腐蚀和金属的电化学腐蚀两种：前者是金属跟接触到的物质直接发生化学反应而引起的腐蚀；后者是不纯的金属或合金与电解质溶液接触，会发生原电池反应，比较活泼的金属（阴极）失电子被氧化造成的腐蚀。钢质管道在土壤中的腐蚀属于电化学腐蚀，管道是金属回路、土壤是电解质。管道防腐不管是国内还是国外主要防腐形式不外乎以下三种：改变金属的内部组织结构、保护层法、电化学保护法。采用外涂层和施加阴极保护是埋地管道外腐蚀防护的主要手段。

保护层法是用涂料均匀致密地涂敷在经除锈的金属管道表面上，使其与各种腐蚀性介质隔绝，是管道防腐最基本的方法之一。目前环氧煤沥青涂料、玻璃纤维布涂覆层是埋地管道较为理想的防腐方法。20 世纪 70 年代以来，在极地、海洋等严酷环境中敷设管道，以及油品加热输送而使管道温度升高等，对涂层性能提出了更多的要求。因此，管道防腐涂层越来越多地采用复合材料或复合结构。如陕京管道埋地干线防腐采用三层 PE 防腐涂层（图 3-11）。

金属管道的周围环境包括土壤、水和含有水蒸气的气体，均含有一定的电解质，尤其是埋设的金属管道和水下特别是海水中的金属管道，周围环境的电解质含量更多，因此金属管道几乎都存在电化学腐蚀。除采用外防腐涂料防腐外，还要采用阴极保护措施抑制电化学腐蚀。被保护的金属管道电位较低，称为阳极，辅助阳极或牺牲阳极电位更低，两者之间在电解质溶液中产生电流，使被保护的金属管道得以保护（图 3-12）。

图 3-11 三层 PE 结构示意图

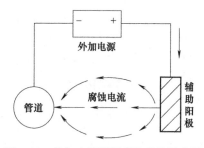

图 3-12 外加电流阴极保护系统示意图

图 3-13 牺牲阳极

阴极保护体系的设计，先要了解管道的长度、直径、壁厚、涂层种类，以及管道所处地理位置的土壤地质结构、土壤电阻，计算确定牺牲阳极（图 3-13）种类、规格、数量和使用寿命。常用 Al、Zn、Mn 合金作牺牲阳极，阳极开路电位在 1.5V 以上，阳极一般在 200～500m 内埋设一组。

复习思考题

1. 工业管道预制包括哪些内容？钢管切口及坡口质量有哪些要求？
2. 简述工业管道焊接施工流程。
3. 工业管道焊接对环境有哪些要求？
4. 工业管道的焊缝位置应符合哪些规定？
5. 工业管道定位焊及焊接的基本要求有哪些？
6. 如何测量工业管道焊前的预热温度？
7. 对工业管道焊缝的外观质量有哪些要求？
8. 对工业管道的焊缝返修应符合哪些规定？

第四章

国产管道自动焊机及管道焊接附属设备

自动焊，全称为管道全位置自动焊，即在钢管固定的情况下，焊接小车绕钢管转动，由此实现管道平、立、仰全位置焊接。这是一种集计算机、自动控制、信息处理、机械和电气为一体的复杂的材料成形加工工艺过程，也是代表着目前大口径长输管道焊接的前沿技术。具有焊接速度快、焊接质量稳定、易于操作、员工劳动强度低、人为因素影响较小等诸多优点。自动焊的发展主要取决于管道全位置自动焊机及其附属设备的发展。

第一节 管道全位置自动焊机

一、概述

管道全位置自动焊机采用熔化极全位置焊接技术，最早出现于 20 世纪 60 年代末期，美国 CRC 公司率先将该项技术应用于管道施工。起初只是焊接小车带动焊枪行走，焊接参数（焊接电流、电压、焊接速度等）均为手动控制。而新的计算机控制系统改变了这一切，新控制系统可自动控制焊接电源的输出电压，测量电弧电压、电流，并控制保护气体阀。

CRC 自动焊技术采用熔化极气体保护焊方法，借助于机械和电气原理使焊接过程实现全自动化和程序化操作。

在焊接设备上，CRC 自动焊包括内焊机和自动外焊机（图 4-1）两部分。其中，内焊机集管口组对和内部根焊于一身。内焊机设有 8 个焊枪驱动系统，4 个焊枪为一组并且同时驱动，两组先后完成 180°管口焊接，因此内焊机速度非常快，对于西气东输二线管径 1219mm、壁厚 18.2mm 的钢管，根焊只需 90s。外焊机包括热焊、填充和盖面两个设备系统。热焊机有两个焊接小车，每个焊接小车上有一个焊炬，由计算机焊接系统完成自动控制，各完成 180°管口的焊接。填充和盖

图 4-1　CRC 管道全自动外焊机

面设备也有两个焊接小车，每个小车上有两个焊炬。小车只需行走两遍（每遍完成两层焊道）即可完成填充作业。焊接小车通过参数实现智能化控制，参数确定后，技术人员只需在控制面板上微调焊枪位置、摆宽、焊接速度等，无需其他控制，故焊接质量受操作人员影响小。

CRC 自动焊技术具有焊接效率高、劳动强度低、焊接过程受人为因素影响小等特点，在地势平坦、大口径、厚壁管道建设中优势明显。

目前，生产全位置自动焊接设备的除了美国 CRC 公司外，还有德国 VIETZ 公司、美国 MAGNATECH 公司、荷兰 VERAWELD 公司、英国 Noreast 公司、法国 SERIMERDASA 公司、意大利 PWT 公司等。

在中国的油气管道焊接史上，全自动焊机一直依赖国外进口，但进口焊机成本太高，以美国 CRC 公司生产的全自动焊设备为例：设备购置费 3000 多万元，必须使用价格高昂的进口焊丝，以及每年 600 多万元的设备使用成本。还有中国人自己不能掌握的核心技术——只能由美国人设定的焊接参数。

为实现管道人对国产全自动焊机的梦想，中国石油天然气管道科学研究院特种施工机具研究所成功研制了单焊炬的 PAW 2000 管道全位置自动外焊机（图 4-2），先后在义马线、漳州水管道、西气东输一线及西气东输二线等项目中应用。

结合 PAW 2000 管道全位置自动外焊机在应用中暴露的问题，管道局又研制出升级版的双焊炬 PAW 3000 管道全位置自动外焊机（图 4-3）。主要用于长输油气管道施工过程中环焊缝的自动外焊接，整机采用双焊炬结构，其控制系统采用 DSP 和 CPLD 为核心的全数字智能化运动控制技术和嵌入式操作系统，可准确控制各项焊接参数，从而实施全位置自动焊接，是目前国产的实现管道高效焊接的最先进设备。国产的 PAW 3000 管道全位置自动外焊机的购置费仅为进口设备的 1/3，性能却可以和进口的 CRC 焊机相媲美。而且，其设计使用焊材均为国产焊材，价格也仅为进口焊材的 2/3。PAW 3000 全自动外焊机首次在西气东输三线西段进行工业应用。该设备一旦批量投入使用，不仅能为使用单位大大降低施工成本，给施工企业带来丰厚的回报，而且还能带动国内相关产业如焊接材料行业的发展。

图 4-2　PAW 2000 管道全位置自动外焊机　　　图 4-3　双焊炬 PAW 3000 管道全位置自动外焊机

二、PAW 2000 管道全位置自动外焊机

PAW 2000 单焊炬管道全位置自动外焊机主要用于长输油气管道施工过程中环焊缝的自动外焊接，整个焊接过程可通过计算机或编程器对各项焊接参数进行编程预置予以准确控制，其焊接速度、送丝速度、摆动宽度、摆动速度、焊接电压及焊接电流等参数可随状态的变化而变化，是管道环焊缝外焊的理想焊接设备。

1. 系统构成及主要的技术指标

PAW 2000 自动焊接系统由焊接小车、导向轨道、控制箱、焊接电源、保护气体供给系统等组成，如图 4-4 所示。其中，控制箱用来完成整机的系统控制；手持操作盒是整个设备中非常重要的人机控制接口界面，可实现焊接准备和焊接过程中的全部操作。焊接电源可以根据用户的需要选定如林肯 DC-400 等。保护气体供给系统由气瓶和气体配比器组成。另外，系统还可以通过串行通信接口进行焊接参数的设定和修改。

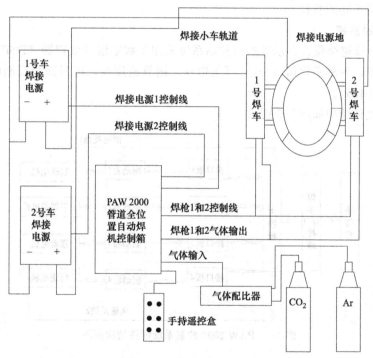

图 4-4 PAW 2000 自动焊接系统结构示意图

PAW 2000 管道全位置自动焊机的主要性能指标如下。

① 焊接方式 熔化极气体保护焊（GMAW）。

② 保护气体 CO_2、Ar、CO_2＋Ar。

③ 适用焊接电源 硅整流或逆变电源（350A 以上），具有焊接电压远控接口（0～5V DC 或 0～10V DC）。

④ 适用管径 400～1016mm。

⑤ 焊丝直径 0.8～1.2mm。

⑥ 焊接速度 0～2400mm/min 连续可调。

⑦ 送丝速度 0～16m/min 连续可调。

⑧ 电弧电压 14～27V 连续可调。

⑨ 摆动宽度 最大 40mm。

⑩ 摆动轨迹 任意设定。

⑪ 单摆时间 最小 250ms。

⑫ 送气、滞后断气时间 任意设定。

2. 机械结构

（1）焊接小车 焊接小车由行走机构、送丝机构、焊枪姿态调整机构、安装底板等组成。

（2）导向轨道 导向轨道由轨道体、侧齿圈、调节螺栓、紧固卡等部分组成，侧齿圈固定于轨道体上。整个轨道体分为左右 2 个半圈，下方用固定铰链铰接，上方有紧固卡连接卡紧，这样轨道体可以绕铰链分开，从而很容易安装于管口处，拧紧紧固卡，再均匀转动调节柱，即可装卡于管口处。转移到下一个管口处时，只需打开紧固卡，拧松紧固卡两边的调节柱，其他处的调节柱无需松动。根据需要，焊接不同直径的管子，只要通过更换另一长度的螺栓便可以适应不同的管径。

3. 自动控制系统

PAW 2000 管道全位置自动外焊机控制系统采用了数字信号处理器（DSP）为核心的先进运动控制技术，每秒平均运行 2000 万条指令，运算精度高，可对四个控制电动机实现全数字化伺服算法控制。

控制系统硬件结构如图 4-5 所示。

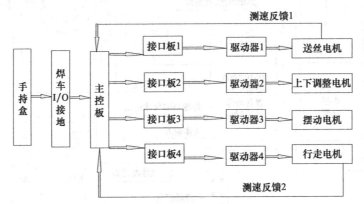

图 4-5 PAW 2000 控制系统硬件结构简图

（1）运动控制器主板 运动控制器主板具有很强的控制功能和较高的可靠性。该主板采用手轮编码器通道和通用的 I/O 通道作为输入、输出接口，RS-232 串行口作为上位机与运动控制器的通信接口，JMACHI-JM-ACH2 通道控制四台电动机。

（2）I/O 通道 I/O 通道主要作用是为手持盒和焊接电源控制提供一个信号的输入、输出。

（3）手持操作盒 手持操作盒设有焊接方向功能键、焊道选择功能键、焊枪位置调节键、焊车行走控制键、送丝状态控制键、焊接过程控制键、焊接过程复位键以及焊枪增幅调节键。自动焊机的控制全部通过手持操作盒来完成。

（4）焊接电源的控制 为满足自动焊接的需要，必须在运动控制器和焊接电源之间设置一个接口电路，其作用是将运动控制器送出的 8 位二进制数字转化为模拟电压信号或线性分段递变电阻值，以便由焊接程序自动控制电弧电压。

（5）伺服电动机的闭环控制 运动控制器在运行时自动闭合电动机的数字伺服环，伺服环的功能是通过反馈产生使电动机的实际位置逼近所要求位置的输出。

4．意义

PAW 2000 管道全位置自动外焊机的成功研制和规模应用，从根本上平抑了国外自动焊机价格，迫使进口自动焊机的价格大幅度下降约 50％。它在长输管道建设中的应用，既填补了我国管道自动焊接技术的空白，又提高了我国管道施工队伍的技术水平，为我国管道施工企业参与国际竞争奠定了坚实的技术基础，为我国的管道建设事业发挥了应有的作用。

第二节　管道对口器

对口器是管道焊接管口组对不可缺少的机具。主要分为两大类：内对口器和外对口器。

一、管道外对口器

管道外对口具有体积小、重量轻、结构简单、操作方便、对口效率高等优点，尤其适用

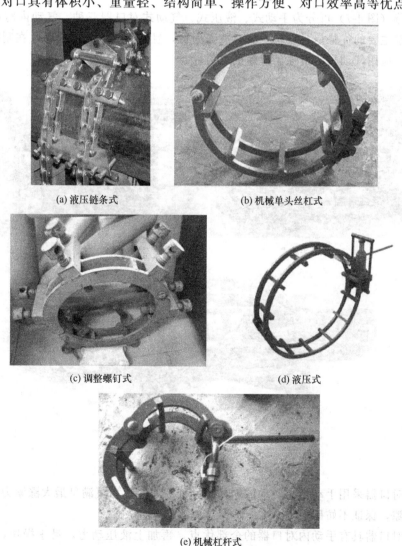

(a) 液压链条式　　　　　　　　(b) 机械单头丝杠式

(c) 调整螺钉式　　　　　　　　(d) 液压式

(e) 机械杠杆式

图 4-6　管道外对口器

于中小口径的管道施工。但其采用手工操作，撑起力较内对口器小，对口精度比内对口器低，局部错边量较大。

外对口器可分为卡具式和链式两种。各种类型外对口器如图 4-6 所示。

链式对口器［图 4-6（a）］的基本对口单元为 100～406mm 管径，随着管径增大可以任意接长对口链条和对口夹板。该对口器重量轻、易安装，使焊接变得更容易更精确。工作原理为将链条紧扣在管道表面，调节螺杆使链条拉紧，管道对口，然后调节紧固螺钉微调，保证焊接时不错口。

卡具式外对口器［图 4-6（b）～（e）］一般分为标准型（杠杆和凸轮加力，中间板桥为直形，可完成 80％根焊）、标准弓（中间板桥为弓形的标准型对口器，可以完成 100％根焊）、液压型（液压油缸加力中间板桥为直形，可完成 80％根焊）、丝杠型（丝杠螺母加力，中间板桥为直形，可完成 80％根焊）、液压弓、丝杠弓等形式，可满足最大对口力的需求。

二、管道内对口器

内对口器（图 4-7）可分为手动式、液压式、气动式对口器三种。气动内对口器与外对口器相比，最主要的优势是对口精度高，故障率低，且具有强大的撑起力，在制动性能上也有很大突破，应用气动马达增强了设备的可靠性。

(a) 手动式

(b) 液压式

(c) 气动式

图 4-7　管道内对口器

手动内对口器采用手动摇柄驱动的蜗杆加丝杠涨紧装置，可满足最大涨紧力需求，双轮边中留有缝隙，保证不妨碍根焊。

液压内对口器具有手动内对口器的全部优点，再加上液压动力，易于操作，精心制造，经得起现场考验，液压系统为自封闭系统，防止现场沙尘破坏。

气动内对口器的对口速度快。施工时，对口器夹具与气泵和推拉杆通过轮式支架一起送入管道内，对口焊接完成后，再将其拉出管道。气动内对口器的显著特点是以压缩空气作为动力，执行元件如气缸、气缸换向阀等工作可靠，对环境无任何污染，操作简单，因而深受施工单位的欢迎。

长久以来，我国长输管道施工中所使用的气动内对口器基本上从国外进口，不仅花费了巨额外汇，而且配件缺乏。中国石油天然气管道局科学研究院特种施工机具研究所成功研制了 PPC 3640 管道气动内对口器系列，现已经应用于西气东输管线工程建设的生产中。

三、管道气动内对口器

1. 管道气动内对口器的结构

管道气动内对口器采用卧式长构架形式，主要由扩涨装置、行走装置、扩涨导向及操纵装置、气动系统等部分组成，如图 4-8 所示。

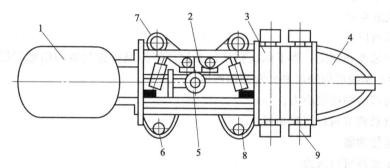

图 4-8 管道气动内对口器结构示意图

1—气罐；2—行走装置；3—涨紧装置；4—扩涨导向及操纵装置；5—刹车装置；
6—后行走轮；7—驱动装置；8—前行走轮；9—涨紧块

（1）扩涨装置 扩涨装置设有两套涨管器，每套涨管器沿圆周上均匀布置 18～20 个压块，通过两套气缸及两套机械连杆使压块均匀地顶靠在需组对的两根钢管的内壁上，并能保证两根钢管管口在对口器涨紧时处于同心圆上。扩涨装置的气缸采用两套双作用单伸出气缸结构。

对口器涨紧力的大小与气缸的直径和两岸的角度有关。扩涨装置上配有压块加长套，可满足不同管口直径的组对。

（2）行走装置 行走装置与扩涨装置相连，并与扩涨装置共同组成对口器的长构架式机身。行走装置上设有两套驱动轮机构，两套刹车制动装置，四个行走轮，一个支撑轮，一个储气罐，它们分别安装在行走构架的不同位置上。刹车制动装置的作用是防止钢管处于斜坡位置时对口器在自身重力的作用下滑动。支撑轮的作用是使机身在行走过程中保持平衡状态。

（3）扩涨导向及操纵装置 扩涨导向由六根弧形筋板组成，安装在扩涨装置上，扩涨导向内分别安装有前后涨管器涨紧、放松按钮，行走气动电动机的开关控制阀，驱动轮伸出、缩回转动阀等操作元件。在扩涨导向前方中心上还设有长杆操纵盘，用于管口组对后在管子外面对对口器进行操控。

（4）气动系统 管道气动内对口器的气动系统设有气动三联件、减压阀、手动换向阀、气动换向阀、梭阀、限位阀、专阀和储气罐等元件，共控制六套汽缸，一个气动电动机。

2. 性能技术指标

① 适用管道直径范围：920～1016mm。

② 适用管壁厚度：14.5～26mm。

③ 行走速度：0～16m/min。

④ 系统压力：1MPa。

⑤ 爬坡能力：不大于15°。

⑥ 扩涨装置涨管器组数：2组。

⑦ 每组涨管器压块数：18个。

⑧ 设备质量：不大于1540kg。

3. 对口器研制的技术关键

① 在设计时，尽量减轻重量。对口器过重，不仅给运输带来困难，而且因其自重造成行走时爬坡能力不够。

a. 减轻汽缸重量。

b. 减轻基盘质量。

② 控制同轴度和圆度：为了保证精度，必须严格控制扩涨装置两组涨管器涨紧时压块所在外圆面中心轴线的同轴度和外圆面的圆度。

③ 增强对口器的爬坡能力。

④ 增加自动调节对口间隙功能。

⑤ 增加遥控功能。

⑥ 进一步提高对口涨力。

第三节　管端坡口整形机

管端坡口整形机（图4-9）是用于长输管道施工现场加工坡口的一种自动化设备。它能代替人工实现对坡口快速高效的加工，是管道全位置自动焊机及管道内焊机必不可少的配套设备。

一、概述

目前，国内大口径、长距离管道建设正处于高峰期，在举世瞩目的西气东输工程管道建设中，各种自动化设备正投入使用，如挖沟机、工程车、喷砂除锈车、管道全位置自动外焊机、内焊机、管道中频加热器等，这些现代化施工设备的应用无疑是对管道建

图4-9　管端坡口整形机

设的大的促进。但就管端坡口来讲，焊前若仍采用人工砂轮加工坡口的方法不但效率低、处理完的坡口精度低、且不能根据焊接要求改变管端原来的坡口形式，以至于根本无法满足管道全位置自动焊机对管端坡口的要求，已不能适应日益发展的施工自动化的要求。所以，管道坡口机作为施工现场管端即时加工坡口的设备，其必要性是显而易见的。

目前，管端坡口整形机在国际管道施工中已得到普遍的应用。国外已有多家公司研制并

开发生产了具有自己独立知识产权的管端坡口加工设备。如：美国的 CRC 公司、CCI 公司，德国的 VIETZ 公司及加拿大的 PROLINE 公司等，他们的产品已在世界许多国家使用。

管道全位置自动焊机和内焊机以及相关设备的发展方向极大地影响着管端坡口机的发展。从技术上看，国外管端坡口机的机械结构、动力驱动以及控制方式等在技术上已经基本发展成熟。从发展的趋势上看，主要朝着采用复合材料、单排涨杆、大功率粗切削以及加工复合坡口形式为主的方向发展。

我国也有多家企业生产管道坡口加工设备，但都是针对城市供水管线的小管径铸铁管道，且采用小型电动机或气动电动机驱动，不适合大口径、高强钢管道施工。目前只有中国石油天然气管道局科学研究院特种施工机具研究所生产 PFM×××× 系列适用于大管径长输管道施工现场进行坡口加工。

国内的管端坡口整形机存在着整机偏重的不足之处。在今后的发展上，必须朝着采用高强度复合材料和选件国产化、优质化的方向发展。必须适应管道全位置自动外焊机和内焊机以及相关设备的发展。

二、大口径管道管端坡口整形机

1. 坡口机结构

管端坡口机作为施工现场即时加工坡口的设备，主要组成部分为自动定心装置、切削盘、主传动机构、刀盘轴向进给机构、护板及导向机构、液压系统等，如图 4-10 所示。

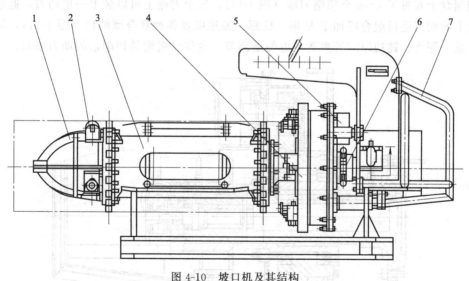

图 4-10　坡口机及其结构
1—护板；2—导向轮；3—自动定心装置；4—切削盘；
5—主传动机构；6—进给机构；7—吊臂操作扶手

（1）自动定心装置

① 结构（图 4-11）。

自动定心装置由涨紧油缸、涨紧花盘、传动连杆、涨紧基盘及涨紧块组成。油缸推动活塞杆带动顶杆动作，由涨块实现自动定位。

② 功能。

首先，要考虑坡口机对管端坡口进行加工时在管内的中心定位。其次，要保证坡口机在

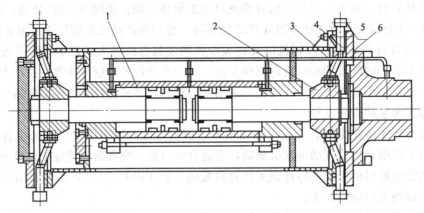

图 4-11　自动定心装置

1—涨紧液压缸；2—涨紧花盘；3—连杆；4—顶杆；5—涨块；6—涨紧基盘

切削时的定位精度，即必须保证加工出的坡口端面和管道轴线的垂直度（要求此项性能指标控制在不大于 0.20mm 范围内，以保证被焊接两管在对缝时钝边间隙均匀一致，从而保证根焊的质量和焊接效率）。

（2）切削盘及主传动机构（图 4-12）　切削盘固定在与定心装置连接的主轴上，可轴向移动。液压马达通过两级减速驱动切削盘，实现切削的主运动。切削盘是切削的主要执行元件。切削盘上布置了 4～6 个切削刀座（图 4-13），每个刀座上可以装卡一把切刀，通过对刀盘刀架上的切刀进行组合可加工 V 形、U 形、X 形以及各种复合型坡口（图 4-14），每种坡口的角度、深度、钝边厚度等参数可方便地调节。主传动机构是切削盘的动力来源。

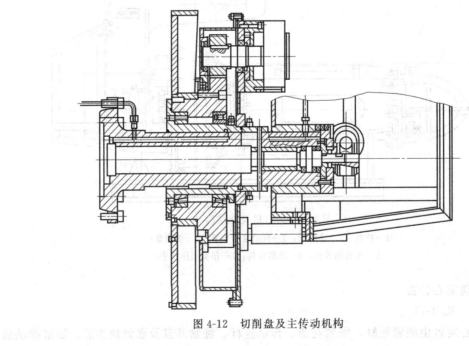

图 4-12　切削盘及主传动机构

（3）刀盘轴向进给机构

① 功能：实现切削盘的轴向进给运动。

轴向进给顺序是：空刀快进→切削工进→无进给切削→回位快退，共四步；这四个顺序

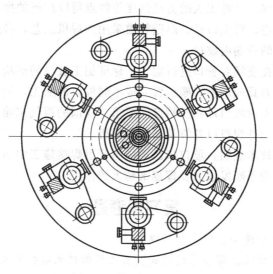

图 4-13　切削盘刀座分布

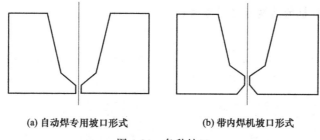

(a) 自动焊专用坡口形式　　　　(b) 带内焊机坡口形式

图 4-14　各种坡口

动作可以手工操作，亦可在切削刀盘上设置行程开关和定位挡块，由控制板控制液压阀自动完成。

② 结构：由液压电动机经摆线减速器、丝杠、螺母和驱动销带动切削刀盘实现轴向进给。

（4）液压系统

① 功能：系统安装在坡口机主体上，控制整个坡口机的所有动作。

② 结构：整机全部采用液压控制，主要由液压泵站和液压控制系统组成。

2. 主要规格参数

① 适用管道直径范围：914～1016mm。

② 适用管壁厚度：14.5～27mm。

③ 坡口形式：X 形、U 形、V 形。

④ 钝边尺寸：1.0～1.5mm。

⑤ 主切削力：12000N。

⑥ 涨紧力：650000N。

⑦ 外形尺寸：3326mm×1320mm×1810mm。

3. 坡口机的应用前景

随着管道焊接施工朝着高质量、高效率的方向发展，管道全位置自动焊接技术可以确保焊接质量、提高焊接效率、降低工人的劳动强度等特点得以广泛的推广使用。另外，随着国外管道内焊机的设备引进，对大口径、厚壁管道采用内焊机工艺，必须配备管端坡口机，以加工符合施工工艺要求的管端内坡口。

管端坡口整形机能在现场对管口进行加工，保证加工坡口的形状、角度、钝边厚等各个参数，还可以通过改变刀具或调整刀架位置完成不同坡口的加工，完全满足管道内焊机以及管道全位置自动焊接技术对坡口形状及精度的要求。我国的西气东输工程正在大力推广使用内焊机和管道全位置自动外焊机以及管端坡口整形机。

国内外的管道施工技术表明，坡口机已经成为管道焊接施工中不可或缺的重要设备，它必将随着管道建设事业的不断发展而发挥越来越大的作用。

复习思考题

1. 列举你所知道的管道全位置自动外焊机。
2. PAW 2000 自动焊机由哪些系统构成？其主要的技术指标有哪些？
3. 管道对口器是如何分类的？
4. 管道气动内对口器的结构如何？对口器研制的技术关键主要是解决哪些问题？
5. 了解管端坡口机的结构及使用方法。

第五章

长输管道焊接方法及工艺

第一节　长输管道焊接常用的焊接方法

目前，国内外长输管道常用安装焊接方法主要有焊条电弧焊、手工钨极氩弧焊、熔化极气体保护半自动焊，包括活性气体保护 STT 半自动焊、半自动熔化极氩弧焊、半自动活性气体保护焊、自保护药芯焊丝电弧焊、埋弧焊、熔化极活性气体保护自动焊及闪光对焊等。上述焊接方法中除闪光对焊外，其他焊接方法均已应用于我国西气东输管道工程中，且主要以自保护药芯焊丝半自动焊和熔化极活性气体保护自动焊为主。

一、分类

① 电弧焊。

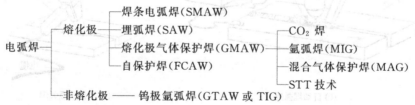

② 电阻焊—闪光对焊（FBW）。

③ 超高速自动焊。

二、常用焊接方法简介

1. 焊条电弧焊（SMAW）

（1）焊条电弧焊的优点

① 工艺灵活、适应性强。

② 热影响区小、质量好。

③ 易于通过工艺调整来控制变形和改善应力。

④ 设备简单、操作方便。

（2）不足

① 对焊工要求高。焊工的操作技能及现场发挥，甚至焊工的精神状态直接影响焊接过程，因而影响焊缝质量。

② 劳动条件差。

③ 生产率低。

（3）工艺参数

① 焊条种类和牌号。

② 焊接电源种类和极性（AC、DCEP、DCEN）。

③ 焊条直径。

④ 焊接电流。

⑤ 电弧电压。

⑥ 焊接速度。

⑦ 焊接层数。

2. 埋弧焊（SAW）

埋弧焊（SAW）示意图如图 5-1 所示。

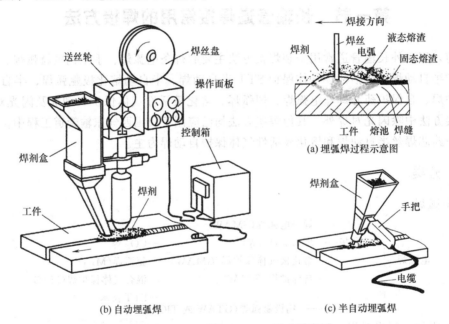

图 5-1　埋弧焊（SAW）示意图

（1）埋弧焊的优点

① 生产率高。

② 焊接规范稳定、熔池保护效果好、焊缝质量好。

③ 劳动条件好。

（2）埋弧焊的缺点

① 难以在空间位置施焊，只适用于近乎水平位置的焊接。

② 难以焊接易氧化的金属材料。

③ 不适合焊接薄板和短焊缝。

④ 对焊件装配质量要求高。

⑤ 设备复杂。

（3）工艺参数

① 焊丝种类。

② 焊接电源种类和极性。

③ 焊丝直径和干伸长。

④ 焊接电流和焊接电压。

⑤ 焊接速度。

⑥ 焊丝倾角。

⑦ 焊剂层厚度与焊剂粒度。

3. 熔化极气体保护焊（GMAW）

熔化极气体保护焊（GMAW）示意图如图 5-2 所示。

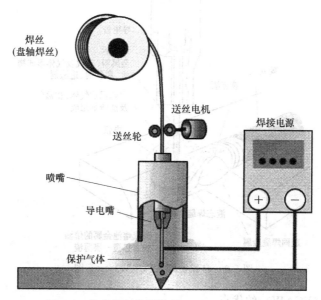

图 5-2　熔化极气体保护焊（GMAW）示意图

（1）熔化极气体保护焊的优点

① 生产率高。

② 适用范围广，易于实现焊接过程的自动化和全位置焊接。

③ 对于 CO_2 焊，其抗锈能力强；对于富氩焊，其电弧稳定，可焊材质范围广，焊接质量高。

④ 明弧，焊接过程中电弧及熔池的加热熔化情况清晰可见，便于发现问题与及时调整，故焊接过程与焊缝质量易于控制。

（2）不足

① 抗风能力差，不适于在有风的地方或露天施焊。

② 对于 CO_2 焊，难焊易氧化金属且成形不美观。

③ 电弧光辐射较强，因为焊接时采用明弧和使用的电流密度大。

④ 设备较复杂。

（3）工艺参数

① 焊丝种类。

② 焊接电源种类和极性。

③ 焊丝直径和干伸长。

④ 焊接电流和弧压。

⑤ 焊接速度。

⑥ 焊丝倾角。

⑦ 保护气体成分和流量。

⑧ 喷嘴孔径和高度。

⑨ 对于自动焊还要考虑摆幅、摆频、边缘停留时间参数。

4. 自保护焊（FCAW）

自保护焊（FCAW）示意图如图 5-3 所示。

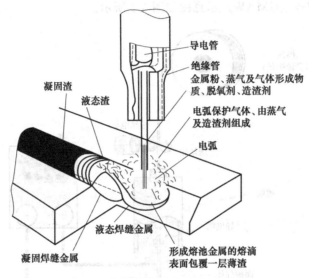

图 5-3　自保护焊（FCAW）示意图

（1）自保护焊（FCAW）的优点

① 保护效果好、焊接质量高。

② 抗风能力强。

③ 可焊材质范围广。

④ 和手弧焊相比效率高。

⑤ 适于全位置向下焊接。

（2）不足

① 有一定的飞溅。

② 焊接烟雾较大。

（3）工艺参数

① 焊接电源种类和极性。

② 焊接电流（送丝速度）、电弧电压。

③ 焊接速度。

④ 填充焊丝类别和规格。

⑤ 焊丝倾角、干伸长。

5. 钨极氩弧焊（TIG）

钨极氩弧焊（TIG）如图 5-4 所示。

（1）钨极氩弧焊（TIG）的优点

① 电弧稳定、保护效果好、焊接质量高。

② 易于实现焊接过程的自动化和全位置焊接。

③ 可焊材质范围广。

④ 适于薄板焊接。

（2）不足

① 抗风能力差。

② 高频影响。

③ 效率低。

④ 易导致夹钨缺陷。

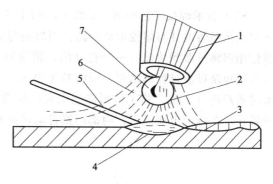

图 5-4 钨极氩弧焊（TIG）示意图

1—喷嘴；2—电弧；3—焊缝；4—熔池；

5—填充焊丝；6—保护气；7—钨极

（3）工艺参数

① 焊接电源种类和极性。

② 焊接电流和钨棒直径。

③ 电弧电压。

④ 焊接速度。

⑤ 填充焊丝直径、速度与倾角。

⑥ 保护气体成分和流量。

⑦ 喷嘴孔径和高度。

⑧ 对于自动焊还要考虑摆幅、摆频、边缘停留时间参数。

6. STT 技术

STT（SurfaceTension Transfer）输出波形与常规的 CV 工艺不同。STT 电源既不是恒流，也不是恒压，它是一种宽带、电流控制的设备。它的输出是根据瞬间的电弧要求而产生的。简而言之，它是一种能在微秒瞬间提供并改变焊接电流能力的电源。此技术适用于半自动和全自动焊接。普通碳素钢和管线钢焊接时，常用 $100\%\ CO_2$ 作为保护气；采用其他混合气使用时，如：$Ar+O_2$、$Ar+CO_2$、$Ar+He$，可用于不锈钢焊接。

STT 电流输出是由电弧电压巧妙提供的。电流、电压波形如图 5-5 所示。

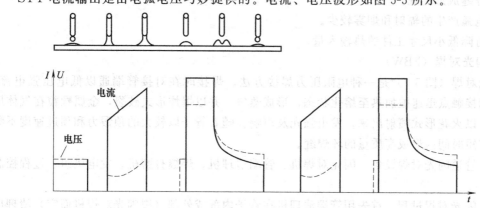

图 5-5 STT 电流、电压波形

STT 技术焊接工艺如图 5-6 所示，STT 工艺能产生均匀一致的熔滴，并保持其形状直至熔滴接触熔池并与熔池形成短路。当熔滴与熔池接触形成短路时，电流降为最小，通过润湿作用熔滴过渡到熔池。一个自动的，精确的 "pinch" 电流波形产生，这段时间里，该波形决定短路过渡过程的结束，同时减小电流以避免产生较大飞溅；STT 波形能在较低的电流时重新进行引弧。STT 波形能感应到已经重新引弧，并且能自动应用峰值电流建立恰当的弧长，在峰值电流过后，内部回路自动转换到基值电流以提供恰当的热量。

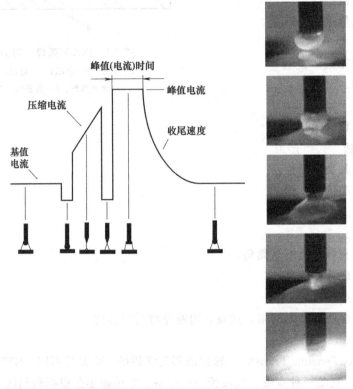

图 5-6　STT 技术焊接工艺

STT 型逆变焊机的主要优点：

① 焊接过程稳定（干伸长变化影响小），显著地降低了飞溅，减轻了焊工的工作强度。

② 焊缝成形美观。

③ 电弧产生的辐射和烟雾较少。

④ 可降低小尺寸工件的热输入量。

7. 闪光对焊（FBW）

闪光对焊（图 5-7）是一种电阻压力焊接方法。焊接时在对接管端通以低电压强电流，使两管端接触点迅速被加热至熔化状态，形成蒸气，并以爆炸形式破裂，金属颗粒在气体压力作用下以火花形式喷射出来，发出强光及声响。随着管子以较大的顶锻力和顶进速度不断送入，在短时间内形成高质量的环焊缝。

（1）管道闪光对焊设备　闪光对焊机、管端清理机、焊缝打磨机、发电机组、过程控制器等。

（2）闪光对焊过程　首先用管端清理机在管子内部或外部（视闪光对焊机而定）清理出足够的接触带，布管，用闪光对焊机对口，按程序自动焊接，焊缝冷却后用焊缝打磨机清除

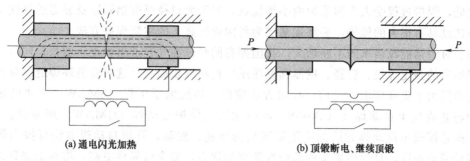

(a) 通电闪光加热　　　　　　　　(b) 顶锻断电、继续顶锻

图 5-7　闪光对焊示意图

内、外飞边，当环境温度低于－40℃时还需进行焊后热处理。

（3）电阻闪光对接焊的工艺参数　伸出长度、闪光留量、闪光电流、顶锻电流、闪光速度、顶锻留量、顶锻速度、顶锻压力等。

（4）闪光对焊的特点及应用　闪光对焊技术适合于焊接大口径管道，其焊接速度快，焊接质量高，环境适应能力强，对钢管坡口及对口错边量要求不高。但焊接设备庞大，针对性强，一次性投资大，焊接电源容量较大。

在长距离、高压、大口径管道建设中采用自动化焊接技术已势在必行。管道闪光对焊技术是一项优质高效的自动焊接方法，在前苏联的管道建设中得到了广泛应用，1988 年大约有 5500km 的各种管线（包括 1500km、ϕ1420mm 的管道）采用闪光对焊方法进行焊接。运行过程记录显示，此方法焊接的接头没有发生破坏现象，说明其接头质量稳定可靠。这是因为采用闪光对焊技术进行焊接时，环境、管道处理、焊工技术等因素对焊接质量的影响相对较小，所以该方法在恶劣的自然条件下，建设大口径、长距离管线具有独特的优势。

由于种种原因，20 世纪 90 年代后闪光对焊方法一直没有得以应用。1995 年以后，俄罗斯又将这一方法提到日程上来，并就该方法完善了技术规程。虽 API STD1104—2005《管线和相关设备的焊接》已接受该焊接技术，一些公司花费巨资对该焊接系统进行了开发，但实际上该技术还仅在俄罗斯和乌克兰得到应用。限制闪光对焊在世界范围内广泛应用的关键是焊口的可靠性。过去，我国曾采用闪光对焊进行小直径锅炉管的焊接，但在规范参数波动时，非金属夹杂物可能残留在焊口中形成灰斑，降低焊接接头的塑性和韧性，现在锅炉厂早已放弃使用这种焊接方法。管道闪光对接也存在同样的问题，一般焊接接头的硬度与强度可以接受，但冲击韧性有时达不到要求，限制了这种焊接技术在世界范围内的广泛应用。

2000 年 7 月，中国石油天然气管道局考察团到俄罗斯南部克拉斯诺达尔参观一条成功采用闪光对接自动焊装备和工艺的长输管道。管道局曾和巴顿焊接研究所签了意向，如果该技术和装备满足西气工程的需要，管道局将进行引进。但巴顿焊接研究所通过对西气东输工程板材试验证明，一方面该工艺焊缝的韧性不能满足西气东输工程要求；另一方面，使用该工艺和设备焊接的管道存在着内部毛刺。由于西气东输工程内减阻涂层的要求，毛刺除去以后，再向外清理时，会损坏涂层，这一问题，乌克兰、俄罗斯均无好的解决办法。此外，管道闪光对接自动焊装备庞大，不适于在我国的丘陵、沼泽、水网地带施工。以上各方面阻止了该项技术在我国的推广和应用。

8. GMAW 管道自动焊接

管道自动焊是一种借助于机械电气等方法，使整个焊接过程实现自动化、程序化的焊接施工技术。该技术相对简单且便于控制，具有焊接质量高、焊缝成形美观、焊接速度快、劳动强度低，焊接过程受人为因素影响小等优点，对于大口径厚壁钢管以及恶劣的气候条件下的管道建设具有很大的优势，必将逐渐成为我国管道施工的主要焊接方法。

随着对清洁能源需求的不断增大，我国拥有的长输油气管道里程逐年增长，同时，管道建设用钢管的强度等级、管径、壁厚和输送压力也在逐步提高。这对管道环焊缝质量和焊接施工技术提出了更高要求。目前，我国管道建设中传统的手工焊（SMAW）方法已逐渐被自保护药芯焊丝半自动焊（FCAW-S）和熔化极气保护自动焊（GMAW）所取代。其中，自保护药芯焊丝半自动焊方法的应用发展最为迅速。然而，管道自动焊方法可提高焊接效率、降低劳动强度，且焊接接头的综合性能更为优良，安全可靠性更高，将在未来管道建设中得到越来越多的应用。

熔化极气体保护电弧焊（GMAW），采用可熔化的焊丝与被焊接金属之间的电弧为热源来熔化焊丝和钢管母材金属，在焊接时向焊接区输送保护气体，使电弧、熔化的焊丝、熔池及附近的母材金属免受周围空气的有害作用。焊接时通过连续送进焊丝金属的不断熔化并过渡到熔池，与熔化母材金属熔合形成焊缝金属，从而完成钢管的焊接。

由于金属焊丝气体保护焊对焊接区域的保护简单，焊接区域便于观察，生产效率高，焊接工艺相对简单和便于控制，而且容易实现全位置焊接，因此目前西方国家对于管道现场环焊缝的自动焊接多采用金属焊丝气体保护焊的方式，并已开发出多种气体保护焊自动化焊接系统。

目前，用于现场且比较成熟的自动焊接技术主要是以美国 CRC 公司为代表的"实心焊丝＋气体保护"管道环缝自动电弧焊技术和设备。

（1）GMAW 自动焊设备　"实心焊丝＋气体保护"管道环缝自动电弧焊设备主要包括供电设备、坡口机、对口器和弧焊装置。其中弧焊装置是实现管段对接的关键，由轨道、弧焊电源、焊接小车、送丝机构、摆动机构、供气系统及过程控制器等组成。CRC 自动焊接系统采用不同焊机焊接不同的焊道，如 CRC 内焊机（图 5-8）和外焊机（图 5-9）。

图 5-8　CRC 内焊机根焊

图 5-9　CRC 外焊机

（2）GMAW 自动焊工艺　气体保护自动焊技术采用 CO_2 或 CO_2 与 Ar 的混合气为保护气体，每道焊缝包括根焊、热焊、填充焊和盖面焊。所有焊道的焊接普遍采用全位置下向焊，以提高熔敷速度。

对于不同的管材、管径、壁厚及不同焊道，其焊接参数是各不相同的。实际应用的焊接参数是经焊接工艺评定后预置到过程控制器中的。焊接过程中过程控制器控制和调节的主要参数有焊接电压、送丝速度、焊接速度、摆动速度、摆动宽度、摆动延迟时间等。

（3）GMAW 自动焊工序　气体保护自动焊可在现场采用流水作业进行管道对接，工序分别为吊管、坡口加工、轨道安装、对口及根焊、热焊、填充和盖面等。

三、管线焊接方法选择的依据

长输管线安装焊接方法的选择通常要考虑到以下几个方面的问题：

① 业主相应焊接施工技术规范要求及其他要求。

② 钢管的类型、级别及其规格（钢管的直径和壁厚）。

③ 输送压力和介质性质。

④ 项目地点施工现场的地形地貌、焊接位置、方向和焊接环境（包括焊接环境温度、湿度、风速）；现场安装焊接方法的适应性及焊接质量情况及要求（包括焊缝成形状况、焊接质量合格率、焊缝表面质量要求、无损检测要求、常规理化性能要求及特殊性能要求）。

⑤ 施工队伍素质和设备拥有状况：各种焊接方法的特点，相应焊接操作技术掌握的难易程度；国内外焊接设备和焊接材料性价比情况，相应焊接设备及其配套装置的再次投入所需成本、故障率及维修难易程度和维修费用。

⑥ 焊接用气体的现场供应情况。

⑦ 国内外管线安装焊接施工经验。

⑧ 安装焊接施工效率及其经济性。

⑨ 焊接新技术的推广使用要求。

⑩ 对人员健康、周围环境的影响及相应法规和管理规范的要求等。

这 10 个方面需要焊接技术人员全盘综合考虑，进而选定合适的焊接方法和合适的焊接设备。

四、管线焊接方法选择原则

1. 焊条电弧焊优先原则

对于管线直径不太大（如 610mm 以下），而且管线长度不很长（如 100km 以下）的管线的安装焊接，焊条电弧焊应作为首选考虑。在这种情况下，焊条电弧焊是最经济的焊接方法。与自动焊接相比，它需要的设备和劳动力少，维修费用低，施工队伍技术比较成熟。

焊条电弧焊用于安装焊接已有五十年以上的历史，各种焊条、各种操作方法在技术上都比较成熟，API SPEC 5L—2004《管线钢管规范》X70 级以下各种钢级的管道焊接积累了大量资料，质量评定简单。当然，对于高强度级别钢管的焊接，还应注意焊条和工艺措施的选择和控制。当焊接遵循标准的管线规范 API STD1104—2005《管线和相关设备的焊接》，使用经培训考试合格的焊工和进行 100％射线探伤时，就有可能使全部的焊缝返修率控制在 3％以下。

由于成本和维护费用较低。加上质量有所保证，焊条电弧焊在过去一直是大多数项目承包商的第一选择。

2. 埋弧自动焊优先原则

如前所述，管子的埋弧自动焊是在为管道专设的管子焊接站进行的。如果在靠近现场处将两根管子焊好（双联管焊接），可将主干线上的焊缝施工数量减少 40％～50％，极大地缩短了铺设作业的周期。

埋弧自动焊用于安装焊接的高效率、高质量是显而易见的。尤其对于直径较大（406mm 以上），壁厚超过 9.5mm 的管线，在铺设距离很长时，出于经济上的原因，通常首先考虑采用埋弧自动焊的方法。

但是具有一票否决权的是运输双联管的道路是否可行，路况是否允许，有无运输长于 25m 双联管的条件，否则埋弧自动焊的使用将无意义。因此对于直径为 406mm 以上，大壁厚的长输管线在运输以及路况均无问题时，以埋弧自动焊进行双联管或三联管焊接的方法是项目承包商的最佳选择。

3. 药芯焊丝半自动焊优先原则

与焊条电弧焊相结合，药芯焊丝半自动焊用于大直径、大厚壁钢管的填充焊与盖面焊，是一种好的焊接工艺。主要是把断续的焊接过程变为连续的生产方式，而且焊接电流密度比焊条电弧焊大，焊丝熔化快，生产效率可为焊条电弧焊的 3～5 倍，因此生产效率高。目前自保护药芯焊丝半自动焊接因其抗风能力强、焊缝含氢量低、效率高等优点而广泛应用于野外管道焊接，是我国管线建设的首选方法。

4. 熔化极气体保护自动焊优先原则

对于直径大于 710mm、壁厚较大的长输管线，为获得施工的高效率和高质量，往往首先考虑熔化极气体保护自动焊。该方法已使用 25 年了，对于世界上大直径管线，包括陆上和水下管组都得到广泛认可，在加拿大、欧洲、中东等国家和地区受到普遍重视。该方法广泛被采用的重要原因是安装、焊接质量可以得到保证，尤其是在焊接高强度等级的管线时。由于这种焊接方法含氢量低，加上焊丝的成分和制造要求比较严格，如果韧性要求高或管线用于输送酸性介质时，以这种方法焊接高级别的钢管可获得稳定的焊接质量。值得注意的是，与焊条电弧焊相比，熔化极气体保护自动焊系统的投资大，对设备和人员的要求高，必须考虑所要求的高级维护，要考虑配件和符合卫生要求的混合气体的供应。

第二节　长输管线焊接工艺

随着管线钢性能的提高，焊接材料、焊接技术在不断地进步，管线焊接工艺也随之变化。针对不同的钢级、不同的直径和壁厚、不同的项目、不同的输送压力及介质，甚至施工单位的队伍及设备状况，将会采用不同的焊接工艺。

一、管线焊接工艺概述

从国内外长输管道焊接施工情况来看，现场安装焊接主要采用不需背衬垫板的全位置单面焊双面成形技术，且每道焊缝从根焊、热焊、填充焊到盖面焊，可采用单一的焊接方法和单一的焊接方向，也可采用组合的焊接方法和不同的焊接方向。

1. 根焊（root weld）

根焊也称打底焊，是指在现场焊接中管口第一道承担连接的焊缝，只有一道，特点是要求单面焊双面成形（有的机械化根焊除外）。

在全位置单面焊双面成形技术中，根焊可采用传统低氢型焊条进行向上立焊；采用高纤维素型焊条进行向下立焊；采用半自动（或全自动）熔化极活性气体保 STT 焊进行下向焊接；或者采用脉冲特性电源控制的自动熔化极活性气体保护焊（MAG）进行向下焊。此外，针对大口径、厚壁管道，为便于采用双面焊成形技术，进一步提高管道安装焊接速度，国外还开发了一种可在管道内进行根焊的高效活性气体保护的内焊机，这种焊机进行内根焊时，由安装在液压内对口器上的 6 个内部焊枪完成，每个焊枪间隔 60°，其中 3 个焊枪同时作业，焊接方向为全位置下向。如英国 NOREAST 全位置气体保护自动内焊机、美国 CRC 公司开发的全位置气体保护自动内焊机。

管道安装焊接采用流水作业方式，其效率很大程度上取决于根焊道完成速度。目前在所使用的根焊技术当中，以内焊机下向根焊速度最快，如对于西气东输工程用 X70 ϕ1016mm×21mm 钢管环焊缝焊接，根焊道的完成需 90～110s（仅指焊接时间）。其次是自动活性气体保护外焊机根焊，如美国林肯电气公司开发研制的自动气体保护 STT 外焊机根焊、意大利 PWT 全自动控制焊接系统 CWS.02NRT 型自动外焊机根焊，焊接速度可高达 20～25cm/min。上述两类根焊虽焊接速度快，但因设备投资较大、维修不便，加之在试用过程中对焊缝质量要求较为苛刻，使根焊质量得不到可靠保证，故目前国内针对西气东输管道工程对其首次引进且数量不多，也没发挥主力作用。再其次是半自动熔化极活性气体保护 STT 焊根焊，焊接速度可高达 15～20cm/min。接下来是高纤维素型焊条向下根焊，一般焊接速度为 10～15cm/min。最后是高纤维素型焊条或传统低氢型焊条向上根焊，速度一般为 8～12cm/min。

结合上面的数据、不同根焊技术特点并综合考虑质量、成本和进度问题，一般情况下，对于小口径管道而言，值得推广的是高纤维素型焊条下向根焊和 STT 半自动活性气体保护焊下向根焊技术。对于大口径管道值得推广的是活性气体保护全自动下向根焊技术。高纤维素型焊条向上根焊多用于管线连头焊接和返修焊接当中。碱性焊条向上根焊目前一般不采用，多用于管线维修焊接当中。对于手工钨极氩弧焊向上根焊，虽根部焊道的质量较好，但因成本高、效率低，目前在大口径长输管道安装上基本不采用。

2. 热焊（hot weld）

热焊在使用纤维素焊条根焊完成后，要求立即进行的起后热和去氢作用的焊道。特点是速度快，即根焊后立即进行，焊接时也必须速度快，基本不起填充的作用。

3. 填充焊（fill weld）与盖面焊（cap weld）

填充焊主要的作用是焊口的金属填充，在不影响焊口力学性能的条件下，要求高的填充效率和速度。

盖面焊指焊口最表面的一层焊层，要求成形美观，均匀一致，无表面外观缺陷，余高高度控制在 0.5～3mm 之间，且越低越好。余高过高不但会造成应力集中，且会影响防腐补口的密封。

对于填充焊及盖面焊，小管径管线安装焊接以药皮焊条（包括铁粉低氢型下向焊条和高纤维素型向下焊条）手工焊和自保护药芯焊丝半自动焊为主；大管径、厚壁管线安装焊接以自保护药芯焊丝半自动焊和高速熔化极活性气体保护自动焊为主，焊接方向均采用向下操作技术。手工焊因其操作灵活、适应性强在管线安装焊接中必不可少。自保护药芯焊丝焊接因其抗风能力强、保护效果好、全位置成形好、焊接质量高、熔敷效率高及适于全位置向下焊接等优点有着强劲的发展潜力和空间，是目前管道施工的一种重要的焊接方法。自动熔化极活性气体保护焊因其较好的焊缝成形和质量、较高的效率、较低的劳动强度等突出特点，在高强度、大口径、厚壁管线安装焊接中会逐渐占据主导地位，目前其重要性在西气东输工程中已经证实。另外，最近管道科学研究院针对大口径管道焊接还开发出了具有更高焊接效率的活性气体保护双焊炬自动外焊机，相信不久会被广泛用于大口径管道安装焊接施工当中。

此外，采用双丝或多丝埋弧焊进行填充、盖面焊早已开始应用于双联管、三联管焊接当中。目前这些焊接设备均应用于西气东输管道工程当中。

4. 长输管线现场焊接的施工特点

（1）移动的施工现场　管线现场焊接的重要特点是焊接场地随施工进度不断地改变，导致焊接设备、辅助器材都要随着施工的进度而同步移动。施工现场必须要自备移动发电设备，并跟随整个施工队伍前进。施工便道一般为临时建设。因此施工现场只能提供简易的焊接环境，而且每一道焊口环境条件都会不完全一样，对焊工技术水平要求较高的适应能力。

（2）野外露天作业　大部分管线的现场焊接作业区由于移动的特点，多采取露天作业，阳光照射，风尘影响，作业环境狭窄，休息条件差，大风雨雪天气不能施工等，有时要在水塘、隧道、山坡、沟底等环境条件下焊接，要求焊工身体和精神、焊接设备及材料都要有一定的耐受环境的能力。

（3）焊接可实行流水作业　在管线现场施工焊接时，为了尽量避免对死口，所以每一节新管要求尽量顺序连接在已完成管线上，造成焊接施工只能在一个焊口完成后，才能连接下一个新管。这样焊接的施工面只能布置在一个管口上。为了扩大施工面，由点变成线，以便同时容纳更多的焊接人员同时施工，所以将管口的每层焊道分别由不同的焊工顺序完成，这样焊接工人可以同时布置在施工线上，大大加快了现场的施工进度。把这样一个焊口的焊层分别由不同的焊工顺序完成的工艺称为焊接流水作业工艺。当采用流水作业工艺后，管线的施工进度决定于管口根焊的完成时间，而不是决定于整个焊口的完成时间。

（4）一个焊口多人完成　管线现场焊接的特色是一个焊口由多名焊工顺序完成，因此每个焊口的焊层分别给予命名，如根焊、热焊、填充焊和盖面焊。这个特点决定了管线现场焊接最独特的地方，即每层焊道可以选择不同的焊材及规格、焊接设备及焊接工艺。对大管径的焊口，可以安排多人同时在一个管口上焊接，甚至可以专门按照不同位置段进行焊接。因此可以将不同技术水平的焊工组织在一条流水线上。同时焊口的质量也决定于多名焊工的协作配合。因此对现场的焊接施工组织水平要求较高。

（5）根焊速度决定整个施工速度　根焊速度是指完成整个焊口必要根焊段的时间。新管子与管线焊接前，要首先进行对口和焊接前的准备工序，如预热。根据不同的对口器具，其对口的速度是不同的。但不管使用外对口器还是内对口器，相对于完成根焊的速度来说都是很快的。因此焊多少根焊部分，可以撤出对口器去连接下一根新管，就决定了施工队伍的理想施工进度。理想的情况是要求最小的必要根焊时间。由于根焊焊道除了完成对新管子的定位连接功能外，最重要的是在支撑对口器撤出后，和后续增强焊道填充之前这段时间内，要完成对管线和新连接管子的连接强度支撑。理想情况下，相同的焊接速度下，越小的必要根焊段就会占用越小的根焊时间，从而可以进行越快的施工速度。

（6）返修的成本很高　焊接工艺方法必须保证现场焊接的合格率。由于一般焊口无损检测都在滞后一段时间进行，焊口是否合格往往要滞后至少一天才知道。而施工设备等都会随着施工进度沿管线前进，因此不合格的焊口修补和返修要准备专门的设备和高技能水平的焊工来单独进行。同时返修的工艺要求也比正常的施工工艺要求高，速度也会很慢，成本很高，甚至是正常焊口焊接成本的几十倍之多。因经，选择的焊接工艺和采取的焊接管理必须保证一般水平的焊工队伍在现场条件下能完成很高的焊口合格率。目前石油管道局施工队伍的焊口合格率在 99％以上。按照一根管子长 12m，平均每千米的管线长度只允许一个焊口返修。

（7）单向顺序施工和全位置焊接　由于大部分管线现场焊接施工采取流水线焊接工艺，因此一个施工队伍只是沿单向顺序施工，由于管线的不可旋转性，焊接都是全位置焊接。但是管线的特点又决定了在一定的施工段内，管径相对较大，壁厚相对较薄，管材、管径和管壁的厚度是一样的，管线位置也基本上是水平的，即5G（水平固定）的位置较多。这样就决定了可以使用较少的焊接工艺，较少的焊接材料种类和规格，对焊工的技术要求也相对单一。

管口现场焊接是管线施工最重要的和最主要的施工量之一，焊接效率决定了焊接速度，也就决定了施工速度，焊接合格率决定了进度和费用。因此管线野外施工对管口的现场焊接工艺方法的总要求是：填充效率大，焊接速度快，焊口一次合格率高，适应性强，辅助要求少。这几条也是评价采用的焊接工艺方法是否先进的指标。目前长输管道常用的焊接工艺如下所述。

二、主干线焊接工艺

1. 全纤维素型焊条电弧焊工艺

全纤维素型下向焊是国内外管道施工中使用最广泛的焊接工艺方法。根据管线开裂方式不同，考虑其止裂性能，输油管道和低压力、低级别输气管道可选用纤维素型焊条电弧焊工艺，主要应用于钢材为X70以下的薄壁大口径管道的焊接。

纤维素型焊条易于操作，具有高的焊接速度，约为碱性焊条的两倍；有较大的熔透能力和优异的填充间隙性能，对管子的对口间隙要求不很严格；焊缝背面成形好，气孔敏感性小，容易获得高质量的焊缝，焊缝射线探伤一次合格率高；并适用于不同的地域条件和施工现场，如水网地带环境，自动、半自动焊接设备不能进入的区域。但在采用此种工艺时，由于扩散氢含量较高，为防止冷裂纹的产生，应注意焊接工艺过程的控制。

采用的主要焊条有E6010、E7010、E8010、E9010等，直流电源，电源特性为下降外特性，一般采用为管道专用的逆变焊机或晶闸管焊机。电流极性为根焊直流正接，保证有足够大的电弧吹力，其他热焊、填充盖面采用直流反接。

2. 纤维素型焊条根焊＋低氢型焊条电弧焊工艺

也称为混合型下向焊，是指长输管道现场组焊时，采用纤维素型焊条打底焊、热焊，低氢型焊条填充、盖面的手工下向焊方法。这种焊接方法主要用于钢管材质级别较高的管道的连接；气候环境恶劣、输送酸性气体极高的含硫油气介质管道的连接；要求焊接接头具有较好的低温冲击韧性的管道或者厚壁管道的焊接。通常的全纤维素型焊接方法难以达到管道接头质量要求，而低氢型焊条的抗冷裂纹和冲击韧性较纤维素型焊条要好，但其熔化速度较慢。为保证管道力学性能符合要求，同时尽可能地提高焊接速度，因而选择混合型下向焊方法。在1996年建设的陕京输气管道中首次采用了该方法，取得了良好的焊接效果。

纤维素型焊条下向焊接的显著特点是根焊适应性强，根焊速度快，工人容易掌握，射线探伤合格率高，普遍用于混合焊接工艺的根焊。低氢下向焊接的显著特点是焊缝质量好，适合于焊接较为重要的部件，如连头等，但工人掌握的难度较大。

采用的主要纤维素型焊条有E6010、E7010、E8010、E9010等，低氢型焊条有E7018、E8018。采用直流电源，电源特性为下降外特性，一般为管道专用的逆变焊机或晶闸管焊机。电流极性为根焊直流正接，保证有足够大的电弧吹力，热焊也采用纤维素型焊条，采用直流正接，增大焊缝厚度，防止被低氢焊条烧穿。填充盖面采用低氢型焊条，采用直流反接，有利于提高热效率和降低有害气体的侵入。

3. 自保护药芯焊丝半自动焊工艺

（1）纤维素型焊条根焊＋自保护药芯焊丝半自动焊填盖工艺　自保护药芯焊丝半自动焊是靠药芯高温分解释放出的大量气体对电弧和熔池进行保护，同时有少量熔渣对熔池和凝固焊缝金属进行保护的一种高效优质的焊接方法。特别适用于有风场合的野外作业。

对于强度级别高、输送介质压力高的管道，由于具有采用低氢焊条的效率较低、焊接合格率难以保证、对焊工技术水平要求高等缺点，跟不上管线建设的速度，因此采用低氢型的自保护药芯焊丝，可提高韧性，采用半自动工艺更有利于提高生产效率，得到了广泛的应用。这种工艺在发展中国家得到快速发展，是我国大口径、大壁厚长输管线采用的主要焊接工艺。

根焊采用纤维素型焊条，利用其根焊适应性强、根焊速度快、工人容易掌握、射线探伤合格率高等特点，提高了焊接速度。填充盖面采用自保护药芯焊丝，虽然药芯焊丝价格较高，但药芯焊丝与焊条相比具有十分明显的优势，主要是把断续的焊接过程变为连续的生产方式，从而减少了接头的数目，提高了生产效率，节约了能源。再者，电弧热效率高，加上焊接电流密度比焊条电弧焊大，焊丝熔化快，生产效率可为焊条电弧焊的 3～5 倍；又由于熔深大，焊接坡口可以比焊条电弧焊小，钝边高度可以增大，因此具有生产效率高、周期短、节能综合成本低、调整熔敷金属成分方便的特点。

根焊采用的主要纤维素型焊条有 E6010、E7010 等，自保护药芯焊丝主要有 E71T8-K6、E71T8-NIL 等型号，采用直流电源。根焊电源特性为下降外特性，一般采用为管道专用的逆变焊机或晶闸管焊机。电流极性为根焊直流正接，保证有足够大的电弧吹力，填充盖面的自保护药芯焊丝采用平外特性直流电源加相匹配的送丝机。

（2）STT 根焊＋自保护药芯焊丝半自动焊填盖工艺　CO_2 气体保护焊是一种廉价、高效、优质的焊接方法。传统短路过渡 CO_2 焊不能从根本上解决焊接飞溅大、控制熔深与成形的矛盾。在逆变焊机高速可控的基础上，采用波形控制技术的 STT 型 CO_2 半自动焊机，熔滴过渡由液体表面张力完成，电流电压波形可控；焊接过程稳定，电弧柔和，显著地降低了飞溅，减轻了焊工的工作强度；焊缝背面成形良好，焊后不用清渣，其根焊质量和根焊速度都优于纤维素型焊条，是优良的根焊焊接方法，可用于全位置单面焊双面成形的打底焊。STT 型 CO_2 半自动焊以优异的性能拓宽了 CO_2 半自动焊在长输管道施工中的应用领域。但现场焊接需要防风措施，并且设备投资大，焊接要求严格，焊工不易掌握。

STT 根焊时使用纯的 CO_2 气作保护，使用专门的 STT 焊机，采用 JM-58AWS A5.18ER70S-G 焊丝；填充焊和盖面焊采用自保护药芯焊丝，采用平外特性直流电源加相匹配的送丝机。STT 型 CO_2 半自动焊与药芯焊丝自保护半自动焊是目前国内常用的半自动下向焊方法。

4. 自动焊工艺

随着管道建设用钢管强度等级的提高，管径和壁厚的增大，管道运行压力的增高，这些都对管道环焊接头的性能提出更高的要求。利用高质量的焊接材料，借助于机械和电气的方法使整个焊接过程实现自动化，管道自动焊工艺具有焊接效率高、劳动强度小、焊接过程受人为因素影响小、对于焊工的技术水平要求低、焊接质量高而稳定等优势，在大口径、厚壁管道建设中具有很大潜力。

（1）纤维素型焊条根焊＋自动焊外焊机填盖工艺　根焊采用纤维素型焊条，利用其根焊适应性强、根焊速度快、工人容易掌握、射线探伤合格率高等特点，提高焊接速度；填充盖面采用自动焊，利用管道自动焊工艺焊接速度快、焊接质量高、受人为因素影响小等优势，在大口径、厚壁管道建设中具有极大的经济效益。

根焊采用的主要纤维素型焊条有 E6010、E7010 等，采用直流电源，下降外特性，电流极性为根焊直流正接。自动焊采用 JM-68JAWS A5.28 ER80S-G 焊丝，焊接设备采用国产的 PAW 2000 外焊机、PAW 3000 外焊机、加拿大 RMS 公司生产的 MOW-1 外焊机、NORSAST 外焊机等。

（2）STT 根焊＋自动焊外焊机填盖工艺 STT 焊机焊接过程稳定，利用其电弧柔和、焊缝背面成形好、焊后不用清渣、根焊质量好和根焊速度快等特点，结合自动焊来提高整体焊接质量和焊接效率。

STT 根焊时使用纯的 CO_2 气作保护，使用专门的 STT 焊机，采用 JM-58AWS A5.18ER70S-G 焊丝；自动焊采用 JM-68AWS A5.28ER80S-G 焊丝，焊接设备采用国产 PAW2000 外焊机、PAW3000 外焊机、加拿大 RMS 公司生产的 MOW-1 外焊机、NORESAST 外焊机等。

（3）自动焊外焊机根焊＋自动焊外焊机填盖工艺 在根焊采用半自动焊接方法的基础上，进一步提高焊接质量和焊接速度，根焊也采用自动焊机。根焊设备是意大利 PWT 全自动控制焊接系统 CWS.02NRT 型自动外焊根焊设备，填盖有 PAW2000 外焊机、PAW3000 外焊机、MOW-1 外焊机、NORESAST 外焊机等。根焊采用 JM-58AWS A5.18ER70S-G 焊丝，填盖采用 JM-68AWS A5.28ER80S-G 焊丝。

（4）自动焊内焊机根焊＋自动焊外焊机填盖工艺 为进一步提高焊接速度和焊接质量，根焊采用内焊机在内部焊接，外部清根后用外焊机进行填盖的工艺，利用双面坡口，解决单面焊双面成形的根焊缺陷问题，进一步提高了焊接质量。根焊采用 JM-58AWS A5.18 ER70S-G 焊丝，填盖采用 JM-68AWS A5.28 ER80S-G 焊丝。

三、连头工艺

管线建设中，经常出现两长段无法移动管口连接问题，即为连头碰死口。这些部位通常由于管线不能移动造成应力的存在，拘束度较大，容易产生裂纹，因此，对于连头碰死口问题，必须重视，加强焊接工艺的控制。目前主要采用的方法有两种：纤维素型焊条根焊＋低氢型焊条电弧焊工艺；纤维型焊条根焊＋自保护药芯焊丝半自动焊填盖工艺。

（1）纤维素型焊条根焊＋低氢型焊条电弧焊工艺 在连头工艺中，纤维素型焊条电弧焊采用上向焊，低氢型（E8018）焊条电弧焊采用下向焊，具体要求及设备选择与主干线相同。

（2）纤维型焊条根焊＋自保护药芯焊丝半自动焊填盖工艺 在此工艺中，纤维素型焊条电弧焊采用上向焊，自保护药芯焊丝半自动焊采用下向焊，具体要求及设备选择与主干线相同。

四、返修工艺

（1）纤维素型焊条根焊＋低氢型焊条电弧焊工艺 在返修工艺中，对于穿透型返修，纤维素型焊条电弧焊采用上向焊，低氢型焊条电弧焊也采用上向焊，纤维素型焊条型号与主线路相同。具体要求及设备选择与主干线相同，填盖的低氢型焊条常用的为 E5015 和 E7018 或 E8018（AWS A5.5：1996）。

（2）纤维型焊条根焊＋自保护药芯焊丝半自动焊填盖工艺　在此工艺中，纤维素型焊条电弧焊采用上向焊，自保护药芯焊丝半自动焊采用下向焊。具体要求及设备选择与主干线相同。

第三节　长输管道焊接工程案例

我国能源工业经过近五十年的建设，取得了快速的发展，基本形成了规模宏大、种类齐全、技术较为先进的能源生产和消费体系。但能源结构很不合理，煤炭在一次能源生产和消费中的比重均达到72％。大量燃煤使二氧化硫、氮氧化物、烟尘和二氧化碳排放量逐年增长，一些地区酸雨危害日趋严重，大气环境不断恶化，给人民生活造成很大的影响。

能源是国民经济的命脉，而清洁能源的发展对于国民经济持续、快速、健康发展、改善环境和提高人民生活质量发挥着重要的促进与保障作用。中华人民共和国《国民经济和社会发展第十个五年计划纲要》指出，优化能源结构"实行油气并举，加快天然气勘探、开发和利用。统筹生产基地、输送管线和用气工程建设，引进国外天然气，提高天然气消费比重"。这是"十五"期间发展我国天然气能源工业的指导方针。

因此，完成西气东输工程的同时，我国还积极开展了广东引进 MC 项目试点、中钢管道天然气合作项目、东海天然气勘探开发项目、陕京复线天然气项目、忠汉线天然气项目、川气东送项目，同时启动了西气东输复线项目。

结合我国管线建设的成果，下面列举目前管线主线路的主要工程实例。

一、主线路全纤维素 SMAW 工艺

主线路全纤维素工艺主要适用于输油管线。

1. 适用钢管

钢级：X52。

钢管标准：GB/T 9711.2—1999。

直径范围：325～813mm。

壁厚：4.8～14mm。

2. 焊接材料

根焊焊条型号：E6010，ϕ3.2mm；标准号：AWSA5.1。

热焊、填充、盖面焊条型号：E6010，ϕ4.0mm；标准号：AWSA5.1。

根据钢级选用相应焊接材料。

3. 接头设计

接头形式：对接。

坡口形式：V 形。

钝边（p）：1.6mm±0.4mm。

坡口角度（α）：60°±5°。

间隙（b）：1.6～3mm。

错边：小于1.6mm，且应不大于钢管壁厚的1/8。

盖面焊缝宽（W）：两侧比外表面坡口宽0.5～2.0mm。

余高（h）：1.6mm。

主线路全纤维素工艺的接头设计图如图 5-10 所示；焊道层示意图如图 5-11 所示。

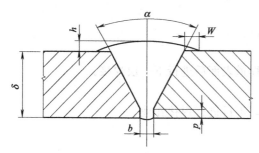

图 5-10　主线路全纤维素工艺的接头设计示意图

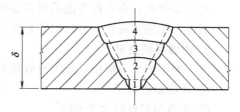

图 5-11　主线路全纤维素工艺焊道层示意图

主线路全纤维素工艺的焊缝层数设计参考见表 5-1。

表 5-1　主线路全纤维素工艺的焊缝层数设计参考

壁厚/mm	根焊	热焊	填充焊	盖面焊
4.8～14	1	0～1	0～4	1

4. 焊接准备

管位置：水平固定。

对口方式：内对口器。

预热温度：不低于 80℃。

加热方法：中频感应加热或环形火焰加热。

焊接设备：下降外特性直流焊机。

预热宽度：坡口两侧各大于 100mm。

温控方法：测温笔或表面温度计。

附加要求：焊前清理焊口表面及边缘 25mm 内的油漆、铁锈等影响质量的物质。

5. 工艺要求

焊接方向：下向。

每层焊工数：1～2 名。

根焊与热焊间隔：小于 10min。

层间温度：不低于 80℃。

焊条烘干：按厂家要求执行。

6. 焊接参数

主线路纤维素工艺的焊接参数见表 5-2。

表 5-2　主线路纤维素工艺的焊接参数

焊道名称	填充金属	直径/mm	极性	焊接方向	电流/A	电压/V	焊速/(cm/min)
根焊	E6010	3.2	DCEP	向下	55～90	24～35	7～15
热焊	E6010	4.0	DCEN	向下	100～150	22～35	15～40
填充	E6010	4.0	DCEN	向下	100～150	22～35	15～25
盖面	E6010	4.0	DCEN	向下	100～140	22～35	15～20

7. 施工措施

清理工具：钢丝刷、动力角向砂轮机。

根焊接头：用钢丝刷、动力角向砂轮机清理。

对口器撤离：完成根焊道后对口器撤离。

其他：用钢丝刷和动力角向砂轮机清理干净焊道表面后进行下一层焊接。

8. 施焊环境要求

在下列不利的环境中，如无有效防护措施时，不得进行焊接作业。

① 环境温度低于 0℃。

② 环境相对湿度大于 90%。

③ 环境风速大于 8m/s。

④ 其他如雨雪天气。

二、主线路低氢 SMAW+ FCAW-S 工艺

1. 焊接工艺

SMAW（Root）＋FCAW-S（Hot、Fill、Cap）。

2. 适用钢管

钢级：X80M（L555）。

直径范围：ϕ1219mm。

壁厚：4.8～19.1mm。

3. 焊接材料

根焊焊条型号：E7016，ϕ3.2mm，标准号：AWSA5.1。

热焊、填充、盖面焊丝型号：E81T8-Ni2J/E81T8-G，ϕ2.0mm，标准号：AWSA 5.29；E551T8-K2，ϕ2.0mm，标准号：GB/T 17493。

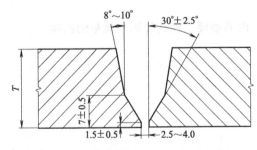

图 5-12　主线路低氢 SMAW＋FCAW-S
工艺的接头设计示意图

4. 接头设计

接头形式：对接。

坡口形式：双 V 形。

钝边（p）：1.5mm±0.5mm。

坡口角度：见图 5-12。

对口间隙（b）：2.5～4.0mm。

错边：不大于管壁厚的 1/8，且小于 3mm。

盖面焊缝宽（W）：两侧比外表面坡口宽 0.5～2.0mm。

余高（h）：0～2.0mm。

接头设计示意图如图 5-12 所示；焊道顺序示意图如图 5-13 所示。

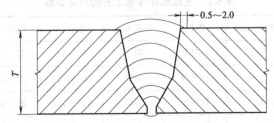

图 5-13　主线路低氢 SMAW＋FCAW-S 工艺的焊道层示意图

焊缝层数设计参考见表 5-3。

表 5-3　主线路低氢 SMAW＋FCAW-S 工艺的焊缝层数设计参考

管径 D/mm	壁厚 T/mm	根焊	热焊	填充焊	立填焊	盖面焊
ϕ1219	18.4	1	1	3～4	1	1

注：可根据填充情况在立焊部位增加立焊。

5. 焊接准备

管位置：管水平固定（5G）。

对口方式：内对口器或外对口器。

对口要求：相邻管制管焊缝在对口处错开，距离不小于 100mm。

6. 焊接设备及电特性

根焊采用具有陡降外特性的直流焊接电源；热焊、填充和盖面采用具有平外特性的直流焊接电源配相应送丝机。

极性：DCEN。

7. 预热及层间温度

预热温度：100～200℃。

加热方法：电加热或环形火焰加热。

预热宽度：坡口两侧各 50mm。

温控方法及测温要求：使用测温笔或表面温度计在距管口 25mm 处的圆周上均匀测量。

层间温度：60～150℃。

8. 技术措施

焊前清理：管内外表面坡口两侧 25mm 范围内应清理至呈现金属光泽。

焊接方向：上向（根焊）＋下向（热焊、填充和盖面）。

每层焊工数：2～4 名。

根焊结束与热焊开始的时间间隔：小于或等于 10min。

焊条烘干：按厂家要求执行。

焊丝烘干：不要求。

焊枪运行方式：锯齿形或月牙形横摆。

焊条摆动方式：直拉或微摆。

单丝或多丝填充：单丝。

焊丝干伸长：20～25mm。

背面清根方法：不要求。

焊后热处理：不要求。

起弧和收弧要求：严禁在坡口以外的管壁上起弧，相邻焊道的起弧或收弧处应相互错开 30mm 以上。

9. 焊接参数

焊接参数见表 5-4。

10. 施工措施

清理工具：钢丝刷及动力角向砂轮机。

层间清理：清理干净焊道表面后，进行下一层焊道的焊接。用动力角向砂轮机打磨焊接接头。

表 5-4 主线路低氢 SMAW＋FCAW-S 工艺的焊接参数

焊道	工艺	填 充 材 料	直径/mm	极性	焊接方向	电流/A	电压/V	送丝速度/(in/min)	焊速/(cm/min)
根焊	SMAW	E7016	3.2	DCEN	上向	70～120	18～26	—	6～14
热焊	FCAW-S	E81T8-Ni2J E81T8-G E551T8-K2	2.0	DCEN	下向	160～260	18～24	80～100	18～30
填充	FCAW-S	E81T8-Ni2J E81T8-G E551T8-K2	2.0	DCEN	下向	170～280	18～24	80～120	16～28
盖面	FCAW-S	E81T8-Ni2J E81T8-G E551T8-K2	2.0	DCEN	下向	160～240	18～24	180～100	16～24

注：1in＝2.54cm。

焊缝表面处理：焊接完成后，应清理焊缝表面熔渣、飞溅物和其他污物。

焊缝余高：余高超高时，应进行打磨，打磨后应与母材圆滑过渡，但不得伤及母材。

对口器撤离：使用内对口器时，根焊全部完成后方可撤离。当根部焊道承受铺设应力比正常情况高，且在可能发生裂纹的情况下，需完成下一焊道后撤离内对口器。使用外对口器时，根焊道至少均匀堆焊完成环焊接头焊缝总长的 50％后，方可撤离。

未完成焊口要求：当日不能完成的焊口应完成 50％钢管壁厚且不少于三层焊道。

11. 施焊环境要求

温度：≥5℃。

相对湿度：≤90％RH。

风速：低氢型焊条电弧焊≤5m/s；自保护药芯焊丝半自动焊≤8m/s。

当施焊环境条件不符合上述要求时，应采取有效的防护措施（增加防风棚等），否则严禁施焊。

三、主线路半自动 GMAW＋FCAW-S 工艺

1. 焊接工艺

GMAW（Root）＋FCAW-S（Hot、Fill、Cap）。

2. 适用钢管

钢级：X80M（L555）。

直径范围：ϕ1219mm。

壁厚：4.8～19.1mm。

3. 焊接材料

根焊焊丝型号：E80C-Ni1，ϕ1.2mm，标准号：AWS A5.28。

热焊、填充、盖面焊丝型号：E81T8-Ni2J/E81T8-G，ϕ2.0mm，标准号：AWS A5.29；E551T8-K2，ϕ2.0mm，标准号：GB/T 17493。

保护气体：80％Ar＋20％CO_2。

气体纯度：CO_2 气体纯度：≥99.5％；CO_2 气体含水量≤0.005％；Ar 气体纯度：≥99.96％。

4. 接头设计

接头形式：对接。

坡口形式：V形。

钝边（p）：1.0mm±0.4mm。

坡口角度：见图5-14。

对口间隙（b）：2.5～3.5mm。

错边：不大于管壁厚的1/8，且小于3mm。

盖面焊缝宽（W）：两侧比外表面坡口宽0.5～2.0mm。

余高（h）：0～2.0mm。

接头设计示意图如图5-14所示；焊道顺序示意图如图5-15所示。

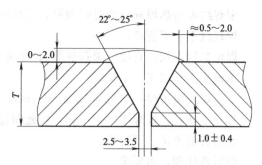

图5-14　主线路半自动 GMAW＋FCAW-S 工艺接头设计示意图

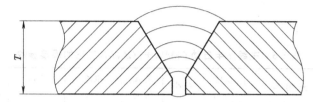

图5-15　主线路半自动 GMAW＋FCAW-S 工艺焊道层示意图（6G 位置宜采用多道焊）

焊缝层数设计参考见表5-5。

表5-5　主线路半自动 GMAW＋FCAW-S 工艺的焊缝层数设计参考

管径 D/mm	壁厚 T/mm	根焊	热焊	填充焊	立填焊	盖面焊
ϕ1219	18.4	1	1	3～4	1	1

注：可根据填充情况在立焊部位增加立填焊。

5. 焊接准备

焊接位置：管水平固定（5G）或者管斜45°固定（6G）。

对口方式：内对口器或外对口器。

对口要求：相邻管制管焊缝在对口处错开，距离不小于100mm。

6. 焊接设备及电特性

根焊采用具 RMD（熔滴过渡、熔敷控制技术）特性的直流焊接电源配相应送丝机；热焊、填充和盖面采用具有平外特性的直流焊接电源配相应送丝机。

极性：DCEP（根焊）；DCEN（热焊、填充和盖面）。

7. 预热及层间温度

预热温度：100～200℃。

加热方法：电加热或环形火焰加热。

预热宽度：坡口两侧各50mm。

温控方法及测温要求：使用测温笔或表面温度计在距管口25mm处的圆周上均匀测量。

层间温度：60～150℃。

8. 技术措施

焊前清理：管内外表面坡口两侧25mm范围内应清理至呈现金属光泽。

焊接方向：下向。

每层焊工数：2～4名。

根焊结束与热焊开始的时间间隔：≤10min。

焊丝烘干：不要求。

焊枪运行方式：直拉（根焊热焊）；锯齿形或月牙形横摆（填充和盖面）。

单丝或多丝填充：单丝。

单道焊或多道焊：单道焊/多道焊（6G）。

焊丝干伸长：根焊10～15mm，填充和盖面20～25mm。

背面清根方法：不要求。

焊后热处理：不要求。

起弧和收弧要求：严禁在坡口以外的管壁上起弧，相邻焊道的起弧或收弧处应相互错开30mm以上。

9. 焊接参数

焊接参数见表5-6。

表5-6　主线路半自动GMAW+FCAW-S工艺的焊接参数

焊道	工艺	填充材料	直径/mm	极性	焊接方向	电流/A	电压/V	送丝速度/(in/min)	焊速/(cm/min)
根焊	GMAW	E80C-Ni	1.2	DCEP	下向	140～180	14～18	150～180	18～35
热焊	FCAW-S	E81T8-Ni2J E81T8-G E551T8-K2	2.0	DCEN	下向	160～260	18～24	80～100	18～30
填充	FCAW-S	E81T8-Ni2J E81T8-G E551T8-K2	2.0	DCEN	下向	170～280	18～24	80～120	16～28
盖面	FCAW-S	E81T8-Ni2J E81T8-G E551T8-K2	2.0	DCEN	下向	160～240	18～24	180～100	16～24

注：DCEP表示焊丝接电源正输出端；1in/min=0.0254m/min。

10. 施工措施

清理工具：钢丝刷及动力角向砂轮机。

层间清理：清理干净焊道表面后，进行下一层焊道的焊接。用动力角向砂轮机打磨焊接接头。

焊缝表面处理：焊接完成后，应清理焊缝表面熔渣、飞溅物和其他污物。

焊缝余高：余高超高时，应进行打磨，打磨后应与母材圆滑过渡，但不得伤及母材。

对口器撤离：使用内对口器时，根焊全部完成后方可撤离。当根部焊道承受铺设应力比正常情况高，且在可能发生裂纹的情况下，需完成下一焊道后撤离内对口器。使用外对口器时，根焊道至少均匀堆焊完成环焊接头焊缝总长的50%后，方可撤离。

未完成焊口要求：当日不能完成的焊口应完成50%钢管壁厚且不少于三层焊道。

11. 施焊环境要求

温度：≥5℃。

相对湿度：≤90%RH。

风速：熔化极气体保护焊≤2m/s；自保护药芯焊丝半自动焊≤8m/s。

当施焊环境条件不符合上述要求时，应采取有效的防护措施（增加防风棚等），否则严禁施焊。

四、主线路 STT＋FCAW-S 工艺

1. 焊接工艺

STT（Root）＋FCAW-S（Hot、Fill、Cap）。

2. 适用钢管

钢级：X80M（L555）。

直径范围：ϕ1219mm。

壁厚：$T \geqslant 19.1$mm。

3. 焊接材料

根焊焊丝型号：ER70S-G，ϕ1.2mm，标准号：AWS A 5.18。

热焊、填充、盖面焊丝型号：E81T8-Ni2J/E81T8-G，ϕ2.0mm，标准号：AWS A 5.29；E551T8-K2，ϕ2.0mm，标准号：GB/T 17493。

保护气体：100％CO_2；不要求背面保护气。

气体纯度：CO_2 气体纯度$\geqslant$99.5％；CO_2 气体含水量$\leqslant$0.005％。

4. 接头设计

接头形式：对接。

坡口形式：V 形。

钝边（p）：1.0mm±0.4mm。

坡口角度：见图 5-16。

对口间隙（b）：2.5～3.5mm。

错边：不大于管壁厚的 1/8，且小于 3mm。

盖面焊缝宽（W）：两侧比外表面坡口宽 0.5～2.0mm。

余高（h）：0～2.0mm。

接头设计示意图如图 5-16 所示；焊道顺序示意图如图 5-17 所示。

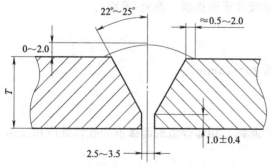

图 5-16　主线路半自动 STT＋FCAW-S
工艺接头设计示意图

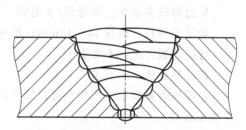

图 5-17　主线路半自动 STT＋FCAW-S
工艺焊道层示意图

焊缝层数设计参考见表 5-7。

5. 焊接准备

焊接位置：管水平固定（5G）或管斜 45°固定（6G）。

对口方式：内对口器或外对口器。

对口要求：相邻管制管焊缝在对口处错开，距离不小于 100mm。

表 5-7 主线路半自动 STT＋FCAW-S 工艺的焊缝层数设计参考

管径 D/mm	壁厚 T/mm	根焊	热焊	填充焊	立填焊	盖面焊
$\phi 1219$	19.1	1	1	4～5	1	1
	22	1	1	5～6	1	1
	26.4	1	1	6～7	1	1
	33	1	1	8～9	1	1

注：1. 可根据填充情况在立焊部位增加立填焊；焊层数随管壁厚变化。

2. 根据坡口宽度采用多道焊。

6. 焊接设备及电特性

根焊采用具有 STT（表面张力过渡）特性的直流焊接电源；热焊、填充和盖面采用具有平外特性的直流焊接电源配相应送丝机。

极性：DCEP（根焊）；DCEN（热焊、填充和盖面）。

7. 预热及层间温度

预热温度：100～200℃。

加热方法：电加热或环形火焰加热。

预热宽度：坡口两侧各 50mm。

温控方法及测温要求：使用测温笔或表面温度计在距管口 25mm 处的圆周上均匀测量。

层间温度：60～150℃。

8. 技术措施

焊前清理：管内外表面坡口两侧 25mm 范围内应清理至呈现金属光泽。

焊接方向：下向。

每层焊工数：2～4 名。

根焊结束与热焊开始的时间间隔：≤10min。

焊丝烘干：不要求。

焊枪运行方式：直拉（根焊/热焊）；锯齿形或月牙形横摆（填充/盖面）。

单丝或多丝填充：单丝。

单道焊或多道焊：单道焊/多道焊。

焊丝干伸长：根焊 10～15mm；填充和盖面 20～25mm。

背面清根方法：不要求。

焊后热处理：不要求。

起弧和收弧要求：严禁在坡口以外的管壁上起弧，相邻焊道的起弧或和收弧处应相互错开 30mm 以上。

9. 焊接参数

焊接参数见表 5-8。

10. 施工措施

清理工具：钢丝刷及动力角向砂轮机。

层间清理：清理干净焊道表面后，进行下一层焊道的焊接。用动力角向砂轮机打磨焊接接头。

焊缝表面处理：焊接完成后，应清理焊缝表面熔渣、飞溅物和其他污物。

焊缝余高：余高超高时，应进行打磨，打磨后应与母材圆滑过渡，但不得伤及母材。

表 5-8　主线路半自动 STT＋FCAW-S 工艺的焊接参数

焊道	工艺	填充材料	直径/mm	极性	焊接方向	基值电流/A	峰值电流/A	电压/V	送丝速度/(in/min)	焊接速度/(cm/min)
根焊	STT	ER70S-G	1.2	DCEP	下向	50～65	380～440	14～18	150～180	18～35

焊道	工艺	填充材料	直径/mm	极性	焊接方向	电流/A	电压/V	送丝速度/(in/min)	焊速/(cm/min)
热焊	FCAW-S	E81T8-Ni2J E81T8-G E551T8-K2	2.0	DCEN	下向	160～260	18～24	80～100	18～30
填充	FCAW-S	E81T8-Ni2J E81T8-G E551T8-K2	2.0	DCEN	下向	170～280	18～24	80～120	16～28
盖面	FCAW-S	E81T8-Ni2J E81T8-G E551T8-K2	2.0	DCEN	下向	160～240	18～24	180～100	16～24

注：DCEP 表示焊丝接电源正输出端；1in/min＝0.0254m/min。

对口器撤离：使用内对口器时，根焊全部完成后方可撤离。当根部焊道承受铺设应力比正常情况高，且在可能发生裂纹的情况下，需完成下一焊道后撤离内对口器。使用外对口器时，根焊道至少均匀堆焊完成环焊接头焊缝总长的 50％后，方可撤离。

未完成焊口要求：当日不能完成的焊口应完成 50％钢管壁厚且不少于三层焊道。

11. 施焊环境要求

温度：≥5℃。

相对湿度：≤90％RH。

风速：熔化极气体保护焊≤2m/s；自保护药芯焊丝半自动焊≤8m/s。

当施焊环境条件不符合上述要求时，应采取有效的防护措施（增加防风棚等），否则严禁施焊。

五、主线路全自动 GMAW 工艺

1. 焊接工艺

GMAW（Root、Hot、Fill、Cap）。

2. 适用钢管

钢级：X80M（L555）。

直径范围：ϕ1219mm。

壁厚：4.8～19.1mm。

3. 焊接材料

根焊焊丝型号：ER70S-G，ϕ0.9mm，标准号：AWS A 5.18。

热焊焊丝型号：ER80S-G，ϕ1.0mm，标准号：AWS A 5.28。

填充、盖面焊丝型号：E91T1-K2，ϕ1.2mm，标准号：AWS A5.29。

保护气体：75％Ar＋25％CO_2（IWM 根焊）；75％～85％Ar＋15％～25％CO_2（PAW2000 热焊）；75％～85％Ar＋15％～25％CO_2（PAW2000 填充、盖面）。

气体纯度：CO_2 气体纯度≥99.5％；CO_2 气体含水量≤0.005％；Ar 气体纯度≥99.96％。

气体流量：60～100CFH（Root、Hot）；15～25L/min（Fill、Cap）。

4. 接头设计

接头形式：对接。

坡口形式：复合型。

钝边（p）：1.0mm±0.2mm。

坡口角度：见图 5-18。

对口间隙（b）：0～0.5mm。

错边：不大于管壁厚的 1/8，且小于 3mm。

盖面焊缝宽（W）：两侧比外表面坡口宽 0.5～2.0mm。

余高（h）：0～2.0mm

接头设计示意图如图 5-18 所示；焊道顺序示意图如图 5-19 所示。

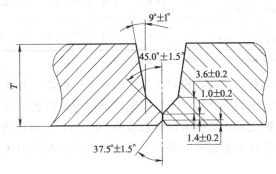

图 5-18　主线路全自动 GMAW 工艺接头设计示意图

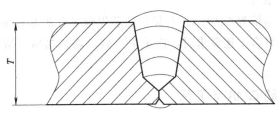

图 5-19　主线路全自动 GMAW 工艺焊道层示意图（6G 位置宜采用多道焊）

焊缝层数设计参考见表 5-9。

表 5-9　主线路全自动 GMAW 工艺焊缝层数设计参考

管径 D/mm	壁厚 T/mm	根焊	热焊	填充焊	立填焊	盖面焊
ϕ1219	18.4	1	1	4	0/1	1

注：可根据填充情况在立焊部位增加立填焊。

5. 焊接准备

焊接位置：管水平固定（5G）。

对口方式：内焊机（IWM）。

对口要求：相邻管制管焊缝在对口处错开，距离不小于 100mm。

6. 焊接设备及电特性

根焊采用内焊机＋相匹配焊接电源；热焊采用 PAW2000 自动外焊机＋相匹配焊接电源；填充和盖面采用 PAW2000 自动外焊机＋相匹配焊接电源。

极性：DCEP。

7. 预热及层间温度

预热温度：100～200℃。

加热方法：电加热或环形火焰加热。

预热宽度：坡口两侧各 50mm。

温控方法及测温要求：使用测温笔或表面温度计在距管口 25mm 处的圆周上均匀测量。

层间温度：60～150℃。

8. 技术措施

焊前清理：管内外表面坡口两侧 25mm 范围内应清理至呈现金属光泽。

焊接方向：下向（根焊、热焊）＋上向（填充、盖面）。

每层焊工数：2 名。

根焊结束与热焊开始的时间间隔：≤10min。

焊丝烘干：不要求。

焊枪运行方式：直拉（根焊热焊）；锯齿形或月牙形横摆（填充和盖面）。

单丝或多丝填充：单丝。

单道焊或多道焊：单道焊/多道焊。

焊丝干伸长：根焊 6～10mm；热焊、填充和盖面 15～20mm。

背面清根方法：不要求。

焊后热处理：不要求。

起弧和收弧要求：严禁在坡口以外的管壁上起弧，相邻焊道的起弧或收弧处应相互错开 30mm 以上。

9. 焊接参数

焊接参数见表 5-10。

表 5-10　主线路全自动 GMAW 工艺焊接参数

焊道	工艺	填充材料	直径 /mm	极性	焊接 方向	电流 /A	电压 /V	送丝速度 /(m/min)	焊速 /(cm/min)
根焊	GMAW	E70S-G	0.9	DCEP	下向	200～210	20～22	9～10	70～75
热焊	GMAW	ER80S-G	1.0	DCEP	下向	220～260	22～28	8～11	30～35
填充	FCAW-G	E91T1-K2	1.2	DCEP	上向	180～260	22～28	5～10	16～18
盖面	FCAW-G	E91T1-K2	1.2	DCEP	上向	160～230	22～28	6～8	18～20

10. 施工措施

清理工具：钢丝刷及动力角向砂轮机。

层间清理：清理干净焊道表面后，进行下一层焊道的焊接。用动力角向砂轮机打磨焊接接头。

焊缝表面处理：焊接完成后，应清理焊缝表面熔渣、飞溅物和其他污物。

焊缝余高：余高超高时，应进行打磨，打磨后应与母材圆滑过渡，但不得伤及母材。

内焊机撤离：须完成热焊后方可撤离内焊机。

根焊后处理：根焊完成后，应用动力角向砂轮机从外部把未熔钝边清理掉。

未完成焊口要求：当日不能完成的焊口应完成 50％钢管壁厚且不少于三层焊道。

11. 施焊环境要求

温度：≥5℃。

相对湿度：≤ 90％RH。

风速：熔化极气体保护焊≤2m/s；自保护药芯焊丝半自动焊≤8m/s。

当施焊环境条件不符合上述要求时，应采取有效的防护措施（增加防风棚等），否则严禁施焊。

阅读材料——管道保温

为了防止环境温度对管道内介质温度的影响，需要对输送介质的管道进行保温隔热（图5-20）。

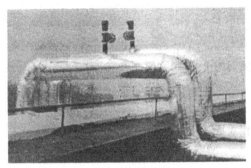

图5-20　管道保温

一、常用保温材料

保温材料要求：导热系数小；容重小；有一定的机械强度，应能承受0.3MPa以上的压力；能耐一定的温度，对潮湿、水分的侵蚀有一定的抵抗力；不应含有腐蚀性的物质；造价低，不易燃烧，便于施工。常用保温材料有福乐斯、岩棉、玻璃棉、离心玻璃棉、普通玻璃棉、超细玻璃棉等。

二、保温结构的形式及施工方法

1. 保温结构的组成

管道保温结构由保温层（绝热层）、防潮层、保护层三个部分组成。

① 保温层是管道保温结构的主体部分，根据工艺介质需要、介质温度、材料供应、经济性和施工条件来选择。

② 防潮层主要用于输送冷介质的保冷管道、地沟内、埋地和架空敷设的管道。防止水蒸气或雨水渗入保温材料，以保证材料良好的保温效果和使用寿命。常用防潮层材料有沥青及沥青油毡、玻璃丝布、聚乙烯薄膜、铝箔等。

③ 保护层应具有保护、保温和防水的性能。应满足质轻、耐压强度高、化学稳定性好、不易燃烧、外形美观的要求。常用的保护层材料有石棉石膏、石棉水泥、金属薄板及玻璃丝布等。

2. 保温结构的施工方法

管道保温结构的施工方法有涂抹法、绑扎法、预制块法、缠绕法、充填法、钉贴法、套筒法、浇灌法、喷涂法等。其中，涂抹法保温适用于石棉粉、硅藻土等不定形的散装材料，将其按一定比例用水调成胶泥涂抹于需要保温的设备或管道上。它多用于热力管道和热力设备的保温。绑扎法适用于预制保温瓦或板块料，用镀锌铁丝绑扎在管道的壁面上，是目前国内外热力管道保温中最常用的一种保温方法。聚氨酯硬质泡沫塑料的保温法是将由聚醚和多元异氰酸酯各自加催化剂、发泡剂、稳定剂等原料按比例调配而成两组混合液，施工时将两组混合在一起即发泡生成泡沫塑料。其施工方法有喷涂法和灌涂法两种。

3. 保温施工的技术要求

① 保温应在管道（设备）试压合格及刷涂料合格后进行。保温前必须除去管道表面的脏物和铁锈。按先保温层后保护层的顺序进行。

② 凡垂直管道或倾斜45°以上的管道，长度超过5m时应设置支撑环或托盘，以支撑保温材料。

③ 用保温瓦或保温后呈硬质的材料，作热力管道保温时，直线管道应每隔 5～7m 留出膨胀缝，间隙为 5mm，弯管处留 20～30mm 膨胀缝，间隙中应填充柔性保温材料。

④ 管道附件如法兰、阀门、套筒补偿器、支架等一般不做保温（除寒冷地区室外架空管道设计要求保温外）。其两侧应留 70～80mm 间隙，并在保温端部抹 60°～70°的斜坡。

⑤ 保温瓦的拼接缝应错开，多层保温瓦块应交错盖缝绑扎，并用石棉水泥填缝。

⑥ 保冷管道和地沟内的保温管道应有防潮层。设置防潮层的保温层表面应清理干净，保持干燥，并应平整、严密、均匀、不得有空角、凹坑、鼓泡或虚粘、开裂等缺陷。

复习思考题

1. 长输管道常用的焊接方法有哪些？掌握各种焊接方法的英文缩写。

2. 各种常用的焊接方法的特点是什么？

3. 什么是 STT 焊接技术？它有哪些特点？

4. 长输管线安装焊接方法的选择通常要考虑哪些问题？

5. 管线焊接方法的选择原则有哪些？

6. 长输管线现场焊接施工有哪些特点？

7. 什么是根焊、热焊、填充焊、盖面焊？为什么根焊速度决定管道焊接的施工速度？

8. 长输管线主干线、连头、返修施工常用的焊接工艺有哪些？

第六章

长输管道焊接常用施工验收标准

第一节 概　述

一、SY/T 4103—2006《钢质管道焊接及验收》

本标准是根据国家发展和改革委员会办公厅文件发改办工业［2004］872 号文的要求，由中国石油天然气管道局职业教育培训中心焊接培训中心对 SY/T 4103—1995《钢质管道焊接及验收》进行修订而成。

本规范共分十三章和五个附录。主要内容包括：前言、范围、规范性引用文件、焊接一般规定、焊接工艺评定、焊工资格、管口的焊接、焊缝的检查与试验、无损检测验收标准、缺陷的清除与返修、无损检测规程、有填充金属的自动焊、无填充金属的自动焊等方面的规定。

本标准规定了对管道安装焊接接头进行破坏性试验的验收标准以及射线检测、超声波检测、磁粉检测及渗透检测验收标准。

本标准适用于使用碳钢钢管、低合金钢钢管及其管件，输送原油、成品油及气体燃料等介质的长输管道、压气站管网和泵站管网的安装焊接。适用的焊接接头形式为对接接头、角接接头和搭接接头，适用的焊接方法为电弧焊和气焊。它们包括焊条电弧焊、埋弧焊、熔化极及非熔化极气体保护电弧焊、药芯焊丝自保护焊、气焊和闪光对焊，以及上述方法之间相互组合的焊接方法。焊接方式为焊条电弧焊、半自动焊、自动焊以及上述方法相互结合的方式。适用的焊接位置为固定焊、旋转焊，或者两种位置的结合。

二、GB 50369—2006《油气长输管道工程施工及验收规范》

本规范是根据建设部建标［2002］85 号《关于印发"二零零一年至二零零二年度工程建设国家标准制订、修订计划"的通知》文件的要求，由中国石油天然气集团公司组织中国石油天然气管道局编制完成。

本规范共分十九章和三个附录。主要内容包括：总则、术语、施工准备、材料、管道附件验收、交接桩与测量放线、施工作业带清理与施工便道修筑、材料、防腐管的运输与保管、管沟开挖、布管及现场坡口加工、管口组对、焊接与检验、管道防腐和保温工程、管道下沟与回填、管道穿跨越工程与同沟敷设、管道清管、测径与试压、输气管道干燥、管道连头、管道附属工程、健康、安全与环境、工程交接验收等方面的规定。

在本规范的制订过程中，规范编制组总结了多年石油天然气管道施工的经验，借鉴了国内已有国家标准、行业标准和国外发达工业国家的相关标准，并以各种方式广泛征求了国内有关单位、专家的意见。反复修改，最后经审查定稿。

本规范以黑体字标志的条文为强制性条文，必须严格执行。

本规范由建设部负责管理和对强制性条文的解释，由中国石油天然气管道局负责具体技术内容解释。

本规范适用于新建或改、扩建的陆地长距离输送石油、天然气管道、煤气管道、成品油管道线路工程的施工验收。

本规范不适用于长输石油、天然气场站内部的工艺管道、油气田集输管道、城市燃气输配管网、工业企业内部的油气管道以及投入运行的油气管道改造、大修工程的施工及验收。

第二节　常用施工验收标准实例

一、焊接工艺评定

1. 工艺评定与工艺规程

焊接工艺评定（简称 PQR）是为验证所拟定的焊件焊接工艺的正确性而进行的试验过程及结果评价。在焊接生产开始之前，应制定详细的焊接工艺指导书，并对此焊接工艺进行评定。工艺评定的目的在于验证施焊单位用此工艺能否得到具有合格力学性能（如强度、塑性和硬度）的完好的焊接接头。焊接工艺评定应按现行行业标准《承压设备焊接工艺评定》（NB/T 47014—2011）的规定在制造单位进行，应由制造单位技能熟练的焊接人员施焊。检测试验工作可委托有相应资质的检测试验单位进行。焊接工艺评定过程中应做好记录，评定完成后应提出焊接工艺评定报告，焊接工艺评定报告应由焊接技术负责人审核。

焊接工艺规程（简称 WPS）是将焊接工艺过程的内容，按一定格式写成的技术文件，是指导焊接生产的主要技术文件。焊接工艺评定前，应根据金属材料的焊接性能，按照设计文件和制造安装工艺拟定焊接工艺预规程。然后按焊接工艺预规程做焊接工艺评定，评定合格后所做的焊接工艺评定报告可作为编制焊接工艺规程的依据。一个焊接工艺规程可依据一个或多个焊接工艺评定报告编制，一个焊接工艺评定报告可用于编制多个焊接工艺规程。工程产品施焊前，应根据焊接工艺评定报告编制正式的焊接工艺规程，用于指导焊工施焊和焊后热处理工作。

应使用破坏件试验检验焊接接头的质量和性能。应依据评定合格的工艺编制焊接工艺规程。

2. 记录

应对评定合格的焊接工艺的各项细节进行详细记录，并应按表 6-1 和表 6-2 的要求记录焊接工艺评定试验的各项结果。在该焊接工艺规程使用期间内应保存好这些记录。

表 6-1　焊接工艺规程说明书

焊接工艺规程说明书

编号：

工程名称：　　　　　　　　　　　　　　　业主名称：

焊接方法：

材料：

外径和壁厚：

焊接接头形式：

填充金属和焊道层数：

焊接方向：

焊工数量：

焊道之间的时间间隔：

对口器类型及其拆卸：

预热和应力消除：

保护气体和流量：

保护焊剂：

焊接速度：

试验：　　　　　　　　　　焊工：

批准：　　　　　　　　　　焊接主管：

采用：　　　　　　　　　　总工程师：

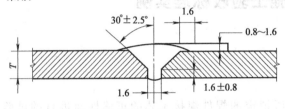

标准V形坡口对接接头

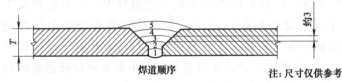

焊道顺序　　　　　　注：尺寸仅供参考

焊条规格和焊道层数

焊道	焊条规格和型号	电弧电压	电流及极性	焊接速度

表 6-2　焊接试验报告

焊接试样试验报告

日期：　　　　　　　　　　　　试验编号：

位置：	
状态：	焊接位置：旋转焊□　定位焊□
焊工姓名：	焊工代号：
焊接所需时间：	焊接时刻：
平均温度：	所用屏风：
气候条件：	

续表

电弧电压：　　　　　　　　　　　　　电流：

焊机型号：　　　　　　　　　　　　　焊机容量：

填充金属：

焊缝余高尺寸：

管子类型和等级：　　　　　　　　　　外径：

壁厚：

项目	1	2	3	4	5	6	7
试样编号							
试样原始尺寸							
试样原始面积							
最大载荷							
抗拉强度							
断裂位置							

□焊接工艺　　　　　　□评定试验　　　　　　□合格
□焊工考试　　　　　　□工程焊口试验　　　　□不合格

最大抗拉强度　　　　　最小抗拉强度　　　　　平均抗拉强度

拉伸试验结论：
1.
2.
3.
4.

弯曲试验结论：
1.
2.
3.
4.

刻槽锤断试验结论：
1.
2.
3.
4.

试验单位：　　　　　　　　　　　　　试验日期：

试验人：　　　　　　　　　　　　　　主管人：

注：其他评语可写在背面，本表可用于焊接工艺规程评定和焊工考试。

3. 工艺规程

（1）焊接方法　应指明所使用的焊接方法，如焊条电弧焊、半自动焊或自动焊，或它们的任何组合方法。

（2）管子及管件材料　应指明适用的管子材料和管件材料。适用的管子和管件材料可分组，见本节一、4.（2）②，但评定试验应选择该组材料中具有最高规定屈服强度的材料进行。

（3）直径和壁厚　应确定焊接工艺规程适用的直径和壁厚范围，其分组见本节二、2.（2）中的④和⑤。

（4）接头设计　应画出接头的简图。简图应指明接头形式、坡口形式、坡口角度、钝边尺寸和根部间隙等。填角焊缝应指明形状和尺寸。如使用垫板时，还需指明其形式。

（5）填充金属和焊道数　应指明填充金属的种类和规格、焊缝最少层数及焊道顺序。

（6）电特性　应指明电流种类和极性。规定使用焊条或焊丝的电弧电压和焊接电流值的范围。

（7）火焰特性　应指明使用的火焰类型（中性焰、碳化焰或氧化焰），由此确定每种规格焊丝适用的焊接喷嘴的尺寸。

（8）焊接位置　应指明是旋转焊或是固定焊。

（9）焊接方向　应指明是上向焊或是下向焊。

（10）焊道之间的时间间隔　应规定完成根焊道之后至开始第二焊道之间的最长时间间隔，以及完成第二焊道之后与开始其他焊道之间的最长时间间隔。

（11）对口器的类型和拆移　应规定是否使用对口器，使用内对口器或外对口器。如果使用对口器，在拆移对口器时应规定完成根焊道长度的最小百分数。

（12）预热和焊后热处理　应规定预热和焊后热处理的加热方法、温度、温度控制方法，以及需预热和焊后热处理的环境温度的范围。

（13）保护气体及流量　应规定保护气体的成分及流量范围。

（14）保护焊剂　应规定保护焊剂的类型。

（15）焊接速度　应规定各焊道的焊接速度范围。

4. 焊接工艺规程的变更

（1）概述　当焊接工艺规程有本节一、4.（2）中规定的基本要素变更时，应对焊接工艺重新评定。当焊接工艺规程有本节一、4.（2）中规定的基本要素以外的变更时，应修订焊接工艺规程，但不必对焊接工艺重新评定。

（2）基本要素

① 焊接方法。

焊接工艺规程中焊接方法的变更。

② 管材。

焊接工艺规程中管材组别的变更。

本标准将所有碳钢及低合金钢进行以下分组

a. 规定最小屈服强度小于或等于 290MPa。

b. 规定最小屈服强度高于 290MPa，但小于 448MPa。

c. 对最小屈服强度为 448MPa 或高于此值的各级碳钢及低合金钢均应进行单独的评定试验。

注：本节一、4.（2）②中的分组并不表示上述每组中所有的管材可任意代用已做过焊接工艺评定的管材或填充材料，还应考虑管材和填充金属在冶金特性、力学性能以及对预热和焊后热处理的要求的不同。

③ 接头设计。

接头设计的重大变更（如 V 形坡口改为 U 形坡口，或反之）。坡口角度或钝边的变更不属于基本要素。

④ 焊接位置。

由旋转焊变为固定焊，或反之。

⑤ 壁厚。

从一个壁厚分组到另一个壁厚分组的变更［管壁厚分组见本节二、2.(2) ⑤］。

⑥ 填充金属。

填充金属的下列变更：

a. 从一组填充金属变为另一组填充金属（表 6-3）。

表 6-3　填充金属分类

组别/焊剂	标准及规范	焊条（焊丝）
1	GT/T 5117—1995 GB/T 5118—1995 AWS A5.1：1999 AWS A5.5：1996	E4310,E4311 E5010,E5011 E6010,E6011 E7010,E7011
2	GB/T 5118—1995 AWS A5.5：1996	E5010,E5511 E8010,E8011,E9010
3	GB/T 5117—1995 或 GB/T 5118—1995 GB/T 5118—1995 AWS A5.1：1999 或 AWS A5.5：1996 AWS A5.5：1996	E5015,E5016,E5018 E5515,E5516,E5518 E7015,E7016,E7018 E8015,E8016,E8018,E9018
4	GB/T 5293—1999 GB/T 12470—2003 AWS A5.17：1997	H08,HJ401 H10Mn2,HJ402 EL8,P6×Z
5	GB/T 8110—1995 AWS A5.18：1993 AWS A5.28：1996	H08MnA,H08Mn2SiA,H08Mn2MoA ER70S-2, ER70S-6 ER80S-D2
6	AWS A5.2：1997	RG60,RG65
7	AWS A5.20：1995	E61T-GS,E71T-GS
8	GB/T17493—1998 AWS A5.29：1998	E501T8-K6 E71T8-K6,E71T8-Ni1
9	AWS A5.29：1998	E91T8-G

注：1. 其他型号的焊条、填充金属和焊剂也可以使用，但需要进行单独的焊接工艺评定。

2. 在 4 组中可以使用其他焊丝和焊剂的组合进行焊接工艺评定，此组合应用完整的 AWS 型号表示，如 E7A0-EL12 或 6A2F-EM12X。只有用同一 AWS 型号的材料允许不重新进行焊接工艺评定。国内材料亦同。

3. 在 5、6 组中的焊丝应使用保护气体。

4. 7 组的焊丝仅用于根焊。

5. 4 组的×可以为 A 或 P。

b. 对于规定最小屈服强度大于或等于 448MPa 的管材［见本节一、4.（2）②］填充金属型号的变更。

可以在本节一、4.(2) ②a 和 b 中规定的分组内变更填充金属，但应从力学性能的角度保持母材和填充金属的一致性。

⑦ 电特性。

直流焊接时焊条（焊丝）接正变更为接负或反之；将直流电变为交流电或反之。

⑧ 焊道之间时间间隔。

完成根焊和开始第二层焊之间允许最大时间间隔的增加。

⑨ 焊接方向。

从下向焊改为上向焊，或者反之。

⑩ 保护气体和流量。

一种气体换成另一种气体或一种混合气体换成另一种混合气体，或保护气体流量范围较大地增加或减少。

⑪ 保护焊剂。

保护焊剂的变更参照表6-3中的注2。

⑫ 焊接速度。

焊接速度范围的变更。

⑬ 预热。

减少焊接工艺规程的最低预热温度。

⑭ 焊后热处理

增加或取消焊后热处理工艺或改变焊接工艺规程中焊后热处理的范围或温度。

5. 试验管接头的焊接—对接焊

将两个管段按照焊接工艺指导书规定的要求组对和焊接。

6. 焊接接头的试验—对接焊

（1）准备　试样取样应按图6-1指定的位置进行，试样的最少数量及试验项目见表6-4，试样应按照图6-2～图6-5的要求准备。对于外径小于60.3mm的管子，应焊接两个试验焊口以满足所需的试样数量。试样的试验应在试样空冷至室温后进行。对于外径小于或等于33.4mm的管子，可用一个完整管段（全尺寸）试样的拉伸试验代替两个刻槽锤断试样和两个背弯试样。

表6-4　焊接工艺评定试验的试样类型及数量

管外径/mm	试样数量					
	拉伸	刻槽锤断	背弯	面弯	侧弯	总数
壁厚不大于12.7mm						
＜60.3	0	2	2	0	0	4
60.3～114.3	0	2	2	0	0	4
114.3～323.9	2	2	2	2	0	8
＞323.9	4	4	4	4	0	16
壁厚大于12.7mm						
≤114.3	0	2	0	0	2	4
114.3～323.9	2	2	0	0	4	8
＞323.9	4	4	0	0	8	16

注：对外径小于60.3mm的管子焊接两个试验焊缝，各取一个刻槽锤断试样及一个背弯试样。对外径等于或小于33mm的管子，可用全尺寸的拉伸试样。

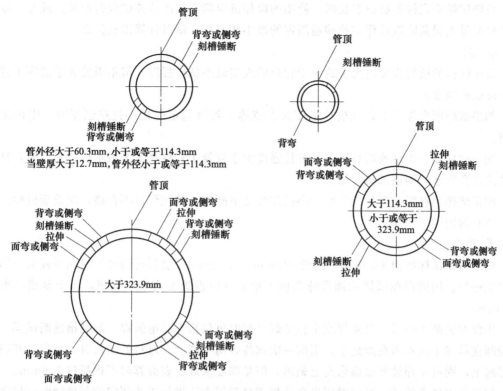

图 6-1　对接接头焊接工艺评定试验的试样位置

注：根据业主的意见，位置可以旋转，只要试件在圆周上间距相等即可，但试件不能包含有纵向焊缝；对直径小于或等于 33.4mm 的管子，可用全尺寸拉伸试件。

（2）拉伸试验

① 准备。

拉伸试样如图 6-2 所示，约长 230mm，宽 25mm，制样可通过机械切割或氧气切割的方法进行。除有缺口或不平行外，试样不要求进行其他加工。如有需要，应进行机加工处理使试样边缘光滑和平行。

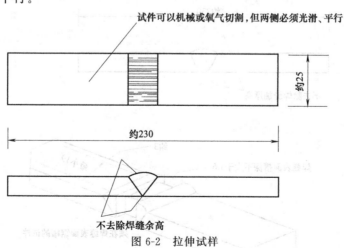

图 6-2　拉伸试样

② 方法。

拉伸试样应在拉伸载荷下拉断。使用的拉伸机应能测量出拉伸试验时的最大载荷。以拉伸试验时最大载荷除以试样在拉伸前测定的最小截面积，就可计算出抗拉强度。

③ 要求。

每个试样的抗拉强度应大于或等于管材的规定最小抗拉强度，但不需要大于或等于管材的实际抗拉强度。

如果试样断在母材上，且抗拉强度大于或等于管材规定的最小抗拉强度时，则该试样合格。

如果试样断在焊缝或熔合区，其抗拉强度大于或等于管材规定的最小抗拉强度时，且断面缺陷符合要求，则该试样合格。

如果试样是在低于管材规定的最小抗拉强度下断裂，则该焊口不合格，应重新试验。

（3）刻槽锤断试样

① 准备。

刻槽锤断试样如图 6-3 所示，约长 230mm，宽 25mm，制样可通过机械切割或氧气切割的方法进行。用钢锯在试样两侧焊缝断面的中心（以根焊道为准）锯槽，每个刻槽深度约为 3mm。

用此方法准备的某些自动焊或半自动焊（有时也包括焊条电弧焊）的刻槽锤断试样，有可能断在母材上而不断在焊缝上。当前一次试验表明可能会在母材处断裂时，为保证断口断在焊缝上，则可在焊缝外表面余高上刻槽，但是深度从焊缝表面算起不得超过 1.6mm。

如果业主要求的话，可以对用半自动焊或自动焊方法进行工艺评定的刻槽锤断试样在刻槽前先进行宏观腐蚀检查。

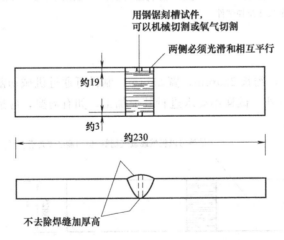

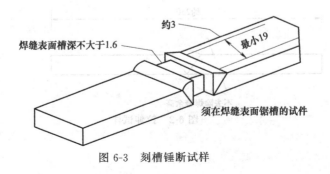

图 6-3 刻槽锤断试样

② 方法。

刻槽锤断试样可在拉伸机上拉断；或支承两端，打击中部锤断，或支承一端，打击另一端锤断。焊缝暴露面应至少宽19mm。

③ 要求。

每个刻槽锤断试样的断裂面应完全焊透和熔合，任何气孔的最大尺寸应不大于1.6mm，且所有气孔的累计面积应不大于断裂面积的2%。夹渣深度（厚度方向尺寸）应小于0.8mm，长度应不大于钢管公称壁厚的1/2，且小于3mm。相邻夹渣之间至少应有13mm无缺陷的焊缝金属，测量方法如图6-8所示。

（4）面弯和背弯试验

① 准备。

背弯和面弯试验试样约长230mm，宽25mm，且其长边缘应磨成圆角，如图6-4所示。制样可通过机械切割或火焰切割的方法进行。焊缝内外表面余高应去除至少与试样母材表面平齐。加工的表面应光滑，加工痕迹应轻微并垂直于焊缝轴线。

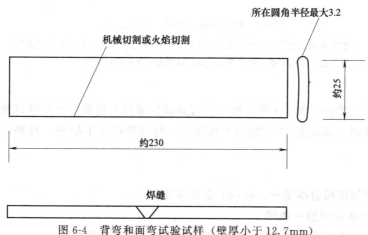

图 6-4 背弯和面弯试验试样（壁厚小于12.7mm）

注：内外表面的焊缝余高应去除至与试件表面平齐，试件在试验前不应压平。

② 方法。

背弯和面弯试样应在导向弯曲试验模具上弯曲，模具如图6-5所示。试样以焊缝为中心放置于下模上。面弯试验以焊缝外表面朝向下模，背弯试验以焊缝内表面朝向下模，施给上模压力，将试样压入下模内，直到试样弯曲成近似U形。

③ 要求。

弯曲后，试样拉伸弯曲表面上的焊缝和熔合线区域所发现的任何方向上的任一裂纹或其他缺陷尺寸应不大于公称壁厚的1/2，且不大于3mm。除非发现其他缺陷，由试样边缘上产生的裂纹长度在任何方向上应不大于6mm。弯曲试验中每个试样均应满足评定要求。

（5）侧弯试验

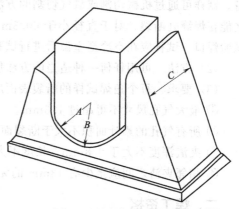

图 6-5 导向弯曲试验模具

注：图无比例，冲头半径 A=44.45mm，模具半径 B=58.75mm，模具厚度 C=50.8mm。

① 准备。

侧弯试样约长 230mm，宽 13mm，且其长边缘应磨成圆角，如图 6-6 所示。试样可以通过机械切割或氧气切割的方法制成宽度约 19mm 的粗样，然后用机加工或磨削制成 13mm 宽的试验试样。试样各表面应光滑平行。焊缝的内外表面余高应去除至与试件表面平齐。

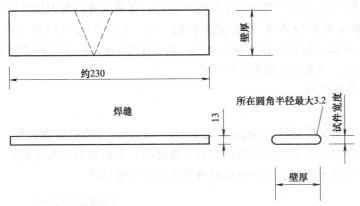

图 6-6　侧弯试样（壁厚大于 12.7mm）

注：内外表面的焊缝加厚高应去除至与试样表面平齐，试样在试验前不应压平；试样应机加工宽 13mm，或用氧炔焰切割约宽 19mm，然后机加工或平滑打磨至宽 13mm，切割表面应光滑和平行。

② 方法。

侧弯试样应在类似于图 6-5 所示的导向弯曲试验模具上弯曲。将试样以焊缝为中心放在下模上，焊缝表面与模具成 90°。施给上模压力，将试样压入下模内，直到试样弯曲成近似 U 形。

③ 要求。

每个侧弯试样应符合本节一、6.(4)　③的规定。

7. 试验管接头的焊接—角焊

按照焊接工艺指导书中焊接图（图 6-7）的任一结构进行角焊。

8. 焊接接头的试验—角焊

（1）准备　试样取样应按图 6-7 指定的位置进行。试样应至少四件，并按图 6-7 进行准备。制样可通过机械切割或氧气切割的方法进行。试样应至少宽 25mm，并有足够的长度使之能在焊缝处断裂。对于直径小于 60.3mm 的管子，为满足所需的试样数量，应焊接两个试验焊口。试样应在空冷至室温后进行试验。

（2）方法　可用任何一种适当的方法使角焊试样在焊缝处断裂。

（3）要求　每个角焊试样的断裂表面应完全焊透和熔合，且满足以下要求。

① 最大气孔尺寸不得超过 1.6mm。

② 所有气孔的累计面积不大于断裂面积的 2%。

③ 夹渣深度不大于 0.8mm，长度不大于公称管壁厚的 1/2，且不大于 3mm。

④ 相邻夹渣之间应至少有 13mm 的无缺陷焊接金属，测量方法如图 6-8 所示。

二、焊工资格

1. 概述

焊工资格考试的目的是检验焊工能否使用经过评定合格的焊接工艺规程焊接出合格的对

接或角接管焊缝。

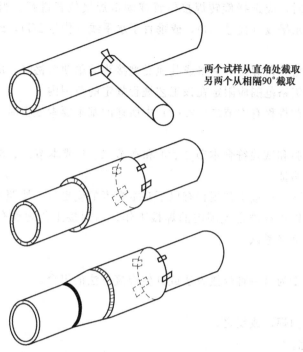

图 6-7 角焊工艺评定及焊工资格考试刻槽锤断试件的位置

注：图中显示的试样位置适用于直径大于或等于 60.3mm 的接头，对于直径小于 60.3mm 的接头，试件应从不相同的位置切取，但应从两个试验焊口上各裁取两个试样。

在进行管道安装焊接之前应按照规定对焊工进行资格考试。

某一焊接工艺评定合格后，焊接试验管焊缝的焊工自然具有该焊接工艺规定的相应焊接资格。

在资格考试前，应给焊工一定的时间熟悉和调整考试用焊接设备。

焊工在资格考试时，应使用和管道安装焊接时相同的焊接技术和焊接速度。

焊工资格的考试工作应在业主代表在场的情况下进行。

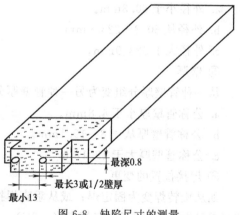

图 6-8 缺陷尺寸的测量

焊工应按照要求焊接一个完整的管接头或管接头的扇形段。当焊接管接头扇形段时，应将其支承在具有典型的平焊、立焊和仰焊的位置。

当焊接工艺规程中有本节二、2.（2）和本节二、3.（2）中规定的基本要素变更时，应重新对焊工进行资格考试。需重新进行焊工资格考试的基本要素与焊接工艺评定的基本要素相同。

2. 单项资格

（1）概述 取单项资格时，每个焊工应使用评定合格的焊接工艺规程，焊接一个完整的管接头或一个管接头的扇形段作为考试焊口。

当取对接管资格时，应选择旋转焊接位置或固定焊接位置进行。当选择固定焊接位置时，管轴线应平行于水平线（代号 5G），或垂直于水平线（代号 2G），或是倾斜于水平线约 45°（代号 6G）。

当取支管连接资格、角焊接头资格或其他类型接头的单项资格时，应按照专用的焊接工艺规程进行。取得的资格范围应限定在该工艺规程规定的范围内。

当使用的焊接工艺规程有本节二、2.(2) 中所述的基本要素变更时，应重新对焊工资格进行考试。

若考试焊口经检验和试验符合本节二、4 和本节二、5 或本节二、6 的要求，则应给焊工颁发相应的单项资格证。

(2) 资格范围　除了焊接工艺规程有以下基本要素的变更外，按照本节二、2.(1) 的规定取得资格的焊工可以进行规定范围内的焊接工作。当焊接工艺规程有下列基本要素变更时，焊工应重新进行资格考试。

① 焊接方法。

由一种焊接方法变为另一种焊接方法或其他焊接方法的组合。

② 焊接方向。

由上向焊变为下向焊，或反之。

③ 填充金属变化。

填充金属组别从 1 组或 2 组变为 3 组，或从 3 组变为 1 组或 2 组（表 6-3）。

④ 管径。

从一种管外径分组变为另一种管外径分组，管外径的分组如下。

a. 外径小于 60.3mm。

b. 外径从 60.3～323.9mm。

c. 外径大于 323.9mm。

⑤ 壁厚。

从一种管壁厚分组变为另一种管壁厚分组，管壁厚分组如下。

a. 公称管壁厚小于 4.8mm。

b. 公称管壁厚从 4.8～19.1mm。

c. 公称管壁厚大于 19.1mm。

⑥ 焊接位置的变更。

如从旋转焊变为固定焊；或从垂直焊接位置（2G）变为水平焊接位置（5G），或反之。若焊工已取得 45°倾斜固定管资格（6G），则可焊接任意焊接位置的对接焊和角焊。

⑦ 接头设计的变更。

如由无垫板变为有垫板；或由 V 形坡口变为 U 形坡口，或反之。

3. 全项资格

(1) 概述　取全项资格时，焊工应使用批准的焊接工艺进行下述两项考试。

① 固定焊接位置对接焊。

管位置可以是水平固定（5G），或是倾斜固定（6G）。管外径应不小于 168.3mm，公称管壁厚不小于 6.4mm，焊口内表面无条形垫板。考试焊口的试样应从图 6-9 所示的位置上取样或按图 6-9 所示的顺序，在相对位置上取样。对于各种直径的管子，相邻试样试验类型的顺序应与图 6-9 中所示的顺序相同。若考试焊口经检验和试验符合本节二、4 和本节二、5 或本节二、6 要求，则焊接该焊口的焊工通过第一项考试。

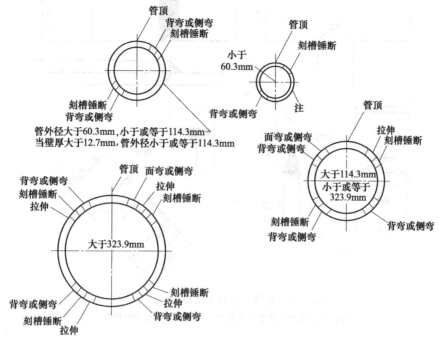

图 6-9　对接焊焊工资格考核试验的试件位置

注：根据业主的意见，位置可以旋转，只要试件在圆周上间距相等即可，但试件不能
　　包含有纵向焊缝；对于直径小于或等于 33.4mm 的管子，可用全截面拉伸试件。

② 支管连接。

考试的焊工应独立完成支管连接所需的所有画线、切割、组对和焊接工作。考试用管的外径应不小于 168.3mm，公称管壁厚应不小于 6.4mm，在主管上切割一全尺寸孔。焊接时，应使主管管轴线在水平位置，支管管轴线与主管管轴线垂直，支管在主管下方。焊接完成后，焊缝外观应整齐均匀。

在整个圆周上，焊缝应完全焊透。根焊道不得有任何超过 6mm 的烧穿。在焊缝任何 304.8mm 的连续长度中，未经修补的烧穿，其最大尺寸的累积长度应不超 13mm。

按照图 6-10 所示位置从管接头上切取四块刻槽锤断试样。试样应按照本节一、8.(1) 和本节一、8.(2) 的规定进行准备和试验，其断裂面上缺陷应符合本节一、8.(3) 的要求。

若考试焊口满足上述要求，则焊接该焊口的焊工通过第二项考试。

（2）资格范围　如果焊工已按本节二、3.(1) 中所述的方法通过两项考试，且考试用管的外径大于或等于 323.9mm，则该焊工取得全项资格，可以焊接所有焊接位置、管壁厚、管外径、接头形式和管件的焊口。如果焊工已按本节二、3.(1) 中所述的方法通过两项考试，且考试用管的外径小于 323.9mm，则该焊工取得全项资格，可以焊接所有焊接位置、管壁厚、接头形式和管件的焊口，管外径应小于或等于其考试用管的外径。

如果焊接工艺规程中有下列基本要素的任一变更，焊工应重新进行资格考试：

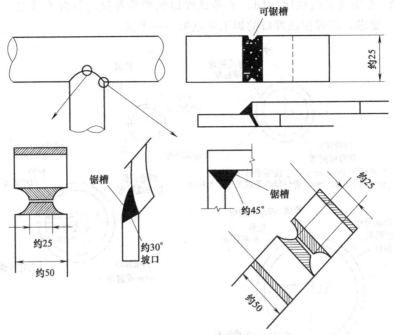

图 6-10 角焊工艺评定及焊工资格考试

注：包括支管连接焊工资格考试的刻槽锤断试件的位置。

① 焊接方法　从一种焊接方法变为另一种焊接方法或其他焊接方法的组合。

② 焊接方向　由上向焊变为下向焊，或反之。

③ 填充金属类别改变　填充金属组别从1组或2组变为3组，或从3组变为1组或2组（表 6-3）。

4. 外观检查

考试焊口的焊缝，除盖面焊道的咬边外，应无裂纹、未焊透、烧穿及其他缺陷。焊缝应整齐均匀，盖面焊道的咬边深度应不大于管壁厚的 12.5％，且不超过 0.8mm。在焊缝任何 300mm 的连续长度中，累计咬边长度应不大于 50mm。

采用自动焊或半自动焊时，穿丝现象应尽量减少。

如果考试焊口不符合本节要求，则该焊口不再做其他的试验和检验。

5. 破坏性试验

（1）对接焊试样　当考试焊口是完整管接头时，应按照图 6-9 中所示的位置在每个考试焊口上取样；当考试焊口是管接头的扇形段时，则应从每一扇形段上截取数量相等的试样。试验项目和试样数量要求见表 6-5。试样应空冷至室温后试验。

当考试用管外径小于或等于 33.4mm 时，可以用一个全尺寸管试样的拉伸试验代替背弯和刻槽锤断试验。拉伸试验应按照本节二、2.（2）的要求进行，并符合本节一、6.（3）的要求。

（2）对焊接的拉伸、刻槽锤断和弯曲试验　试样的准备及试验应按本节一、6 的规定进行。对于焊工资格考核而言，没有必要计算出抗拉强度。用于拉伸试验的试样可改作刻槽锤断试验。表 6-5 给出了试验项目和试样数量。

（3）对接焊拉伸试验验收要求　如果有拉伸试样或全尺寸管试样拉伸断口在焊缝外或熔

合线处，且该断口的缺陷不符合本节一、6.（3）③的要求，则该焊工不合格。

表 6-5　对接管资格考试的试验项目和试样数量

管外径/mm	试样数量					
	拉伸	刻槽锤断	背弯	面弯	侧弯	总数
	壁厚不大于 12.7mm					
<60.3	0	2	2	0	0	4
60.3～114.3	0	2	2	0	0	4
>14.3～323.9	2	2	2	0	0	6
>323.9	4	4	2	2	0	12
	壁厚大于 12.7mm					
≤114.3	0	2	0	0	2	4
>14.3～323.9	2	2	0	0	2	6
>323.9	4	4	0	0	4	12

注：1. 该表适用于对接管资格考试和工程焊接要求的破坏性试验。

2. 外径小于 60.3mm 的管子焊接两个试验焊缝，各取一个刻槽锤断试样及一个背弯试样。对外径等于或小于 33mm 的管子，应做一个全尺寸试样的拉伸试验。

（4）对接焊的刻槽锤断试验验收要求　如果任一刻槽锤断试样断口的缺陷（不包括白点）不符合本节一、6.（3）③的要求，则该焊工不合格。

（5）对接焊的弯曲试验验收要求　如果任一弯曲试样拉伸弯曲面的缺陷不符合本节一、6.（4）③或本节一、6.（5）③的规定，则该焊工不合格。

对高强钢管焊口的弯曲试样允许不弯曲到完全的 U 形。如果试样从裂纹处断裂，且其断面符合本节一、6.（3）③的规定，则该试样合格。

如果只有一个弯曲试样因缺欠引起不合格，且业主同意该试样中的缺欠不是该焊口焊缝的典型缺陷，允许在紧靠该试样的地方再取一个替换试样试验。如果替换试样仍不合格。则该焊工不合格。

（6）角焊缝试样　应从每个考试焊口上取样。

当考试焊口是一个完整的管接头时，应按照图 6-10 所示位置取样；如果考试焊口是管接头的扇形段时，则应从每个扇形段上截取数量相等的试样。试样在试验前应空冷至室温。

（7）角焊缝试样的试验方法和要求　角焊缝试样应按照本节一、8 的规定进行准备和试验。

6. 射线照相检测（简称射线检测）

射线照相检测只用于对接焊。

（1）概述　按业主的选择，在对接管资格考试时，可以用射线检测代替力学性能试验。

（2）检测要求　应对每个焊工的全部考试焊口进行射线检测，如果任何一段焊缝不符合要求，则该焊工不合格。

用破坏性试验考试焊工时，不得用射线检测挑选取样位置。

7. 补考

如果不合格的原因是焊工不能控制的条件或环境所造成的，经业主和承包者代表同意，可给该焊工一次补考机会。

其他不合格的焊工在未经业主认可的培训前，不允许补考。

8. 记录

应使用类似于表 6-2 所示的表格（该表格可进行修改以适合不同业主的要求，但其记录内容应满足本标准对焊工考试的要求），将每个焊工的试验和每次试验的详细结果进行记录。

合格焊工的名单和考试使用的焊接工艺规程应存档。如果对某个合格焊工的能力有疑问时，可要求他重新进行资格考试。

三、GB 50369—2006《油气长输管道工程施工及验收规范》

本标准的第 10 章为管口组对、焊接及验收标准，在此仅将与焊接有关的部分作以介绍。

1. 一般规定

① 管道焊接适用的方法包括焊条电弧焊、半自动焊、自动焊或上述任何方法的组合。

② 管道焊接设备的性能应满足焊接工艺要求，并具有良好的工作状态和安全性能，适合于野外工作条件。

③ 焊接施工前，应根据设计要求，制定详细的焊接工艺指导书，其内容应参照本标准附录 B，并据此进行焊接工艺评定。焊接工艺评定应符合 SY/T 4103—2006《钢质管道焊接及验收》的有关规定。其内容应参照本标准附录 C。根据评定合格的焊接工艺，编制焊接工艺规程。其内容应参照本标准附录 B。

管道连头采用与主干线不同的焊接方法、焊接材料时，应进行焊接工艺评定。

④ 焊工应具有相应的资格证书。焊工能力应符合国家现行标准 SY/T 4103—2006《钢质管道焊接及验收》的有关规定。

⑤ 在下列任何一种环境中，如未采取有效防护措施不得进行焊接。

a. 雨雪天气。

b. 大气相对湿度大于 90%。

c. 低氢型焊条电弧焊，风速大于 5m/s。

d. 酸性焊条电弧焊，风速大于 8m/s。

e. 自保护药芯焊丝半自动焊，风速大于 8m/s。

f. 气体保护焊，风速大于 2m/s。

g. 环境温度低于焊接工艺规程中规定的温度。

2. 管口组对与焊接

① 管口组对的坡口形式应符合设计文件和焊接工艺规程的规定。

② 管道组对应符合表 6-6 的规定。

表 6-6　管道组对规定

序号	检查项目	规定要求
1	管内清扫	无杂物
2	管口清理（10mm 范围内）和修口	管口完好无损，无铁锈、油污、油漆、毛刺
3	管端螺旋焊缝或直缝余高打磨	端部 10mm 范围内余高打磨掉，并平缓过渡
4	两端口螺旋焊缝或直缝间距	错开间距大于或等于 10mm
5	错口和错口矫正要求	当壁厚小于 14mm 时，不大于 1.6mm；当壁厚 14mm<t<17mm 时，不大于 2mm；当壁厚 17mm<t<21mm 时，不大于 2.2mm；当壁厚 21mm<t<26mm 时，不大于 2.5mm；当壁厚 t>26mm 时，不大于 3mm；局部错边不应大于 3mm
6	钢管短节长度	不应小于管子外径值且不应小于 0.5m
7	管子对接偏差	不得大于 3°

③ 焊接材料应符合下列要求。

a. 焊条应无破损、发霉、油污、锈蚀；焊丝应无锈蚀和折弯；焊剂应无变质现象；保护气体的纯度和干燥度应满足焊接工艺规程的要求。

b. 低氢型焊条焊前应烘干，烘干温度为 350～400℃，恒温时间为 1～2h，烘干后应在 100～150℃ 条件下保存。焊接时应随用随取，并放入焊条保温筒内，但时间不宜超过 4h。当天未用完的焊条应回收存放，重新烘干后首先使用。重新烘干的次数不得超过两次。

c. 未受潮情况下，纤维素型焊条可不烘干。受潮后，纤维素型焊条烘干温度应为 80～100℃，烘干时间为 0.5～1h。

d. 在焊接过程中，如出现焊条药皮发红、燃烧或严重偏弧时，应立即更换焊条。

④ 焊接过程中，对于管材和防腐层保护应符合下列要求。

a. 施焊时不应在坡口以外的管壁上引弧。

b. 焊机地线与管子连接应采用专用卡具，应防止地线与管壁产生电弧而烧伤管材。

c. 对于环氧粉末防腐管，焊前应在焊缝两端的管口缠绕一周宽度为 0.8mm 的保护层，以防焊接飞溅灼伤。

⑤ 使用对口器应符合下列要求。

a. 按照焊接工艺规程的要求选用对口器；应优先选用内对口器。

b. 使用内对口器时，应在根焊完成后拆卸和移动对口器；移动对口器时，管子应保持平衡。

c. 使用外对口器时，在根焊完成不少于管周长 50% 后方可拆卸，所完成的根焊应分为多段，且均匀分布。

⑥ 焊前预热应符合下列要求。

a. 有预热要求时，应根据焊接工艺规程规定的温度进行焊前预热。

b. 当焊接两种具有不同预热要求的材料时，应以预热温度要求较高的材料为准。

c. 预热宽度应为坡口两侧各 50mm，应使用测温蜡笔、热电偶高温计、红外线测温仪等测温工具测量。

d. 管口应均匀加热。

⑦ 管道焊接应符合下列规定。

a. 管道焊条电弧焊时，宜采用下向焊。

b. 根焊完成后应修磨清理根焊道。

c. 焊道接头点，应进行打磨，相邻两层的接头点不得重叠，应错开 30mm 以上。

d. 各焊道宜连续焊接，焊接过程中，应注意控制层间温度。

e. 填充焊应有足够的焊层，盖面焊后，完成焊缝的检断面应在整个焊口上均匀一致。

f. 层间焊道上的焊渣，在下一步焊接前应清除干净。

g. 在焊接作业中，焊工应对自己所焊的焊道进行自检和修补工作。每处修补长度不小于 30mm。

h. 在焊接作业时，针对气候条件，必要时可使用防风棚。

i. 使用的焊条（丝）直径、焊接极性、电流、电压、焊接速度、运条方法等应符合焊接工艺规程的要求。

j. 焊口焊完后应清除其表面焊渣和飞溅。

k. 对需要后热或热处理的焊缝，应按焊接工艺规程的规定进行后热或热处理。

l. 每日下班前应将管线端部管口临时封堵好，防止异物进入。沟下焊管线还应注意防水。

m. 焊口应有标志，焊口标志可由焊工或流水作业焊工组的代号及他们所完成焊口的数量等组成，标志可用记号笔写在距焊口（油、气流动方向）下游 1m 处防腐层表面，并同时做好焊接记录。

3. 焊缝验收

① 焊缝应先进行外观检查，外观检查合格后方可进行无损检测。焊缝外观检查应符合下列规定。

a. 焊缝外观成形均匀一致，焊缝及其附近表面上不得有裂纹、未熔合、气孔、夹渣、飞溅、夹具焊点等缺陷。

b. 焊缝表面不应低于母材表面，焊缝余高一般不应超过 2mm，局部不得超过 3mm；余高超过 3mm 时，应进行打磨，打磨后应与母材圆滑过渡，但不得伤及母材。

c. 焊缝表面宽度每侧应比坡口表面宽 0.5～2mm。

d. 咬边的最大尺寸应符合表 6-7 中的规定。

表 6-7　咬边的最大尺寸

深　度	长　度
大于 0.8mm 或大于 12.5％管壁厚，取两者中的较小值	任何长度均不合格
大于 0.4mm，或大于 6％～12.5％的管壁厚，取两者中的较小值	在焊缝任何 300mm 连续长度上不超过 50mm 或焊缝长度的 1/6，取两者中的较小值
小于或等于 0.4mm，或小于或等于 6％的管壁厚，取两者中的较小值	任何长度均为合格

e. 电弧烧痕应打磨掉，打磨后应不使剩下的管壁厚度减少到小于材料标准允许的最小厚度。否则，应将含有电弧烧痕的这部分管子整段切除。

② 无损检测应符合国家现行行业标准 SY/T 4109—2006《石油天然气钢质管道无损检测》的规定，射线检测及超声波检测的合格等级应符合下列规定。

a. 输油管道设计压力小于或等于 6.4MPa 时合格级别为Ⅲ级；设计压力大于 6.4MPa 时合格级别为Ⅱ级。

b. 输气管道设计压力小于或等于 4MPa 时，一、二级地区管道合格级别为Ⅲ级；三、四级地区管道的合格级别为Ⅱ级；设计压力大于 4MPa 时合格级别为Ⅱ级。

③ 输油管道的检测比例应符合下列规定。

a. 无损检测首选射线检测和超声波检测。

b. 采用射线检测时，应对焊工当天所焊不少于 15％的焊缝全周长进行射线检测。

c. 采用超声波检测时，应对焊工当天所焊焊缝的全部进行检查，并对其中 5％环焊缝的全周长用射线检测复查。

d. 对通过居民区、工矿企业和穿跨越大中型水域、一、二级公路、铁路，隧道的管道环焊缝，以及所有碰死口焊缝，应进行 100％超声波检测和射线检测。

④ 输气管道的检测比例应符合下列规定。

a. 所有焊接接头应进行全周长 100％无损探伤检验。射线检测和超声波检测是首选无损检测方法。焊缝表面缺陷可进行磁粉或液体渗透检测。

b. 当采用超声波探伤对焊缝进行无损检测时，应采用射线检测对所选取的焊缝全周长进行复验，其复验数量为每个焊工或流水作业焊工组当天完成的全部焊缝中任意选取不小于下列数目的焊缝进行：

一级地区中焊缝的 5%；

二级地区中焊缝的 10%；

三级地区中焊缝的 15%；

四级地区中焊缝的 20%。

c. 穿跨越水域、公路、铁路的管道焊缝、弯头与直管段焊缝以及未经试压的管道碰死口焊缝，均应进行 100% 超声波检测和射线检测。

⑤ 射线检测复验抽查中，有一个焊口不合格，应对该焊工或流水作业工组在该日或该检查段中焊接的焊口加倍检查，如再有不合格的焊口，则对其余的焊口逐个进行射线检测。

⑥ 管道采用全自动焊时，宜采用全自动超声波检测，检测比例应为 100%，可不进行射线探伤复查。全自动超声波检测的合格标准应符合现行行业标准 SY/T 0327—2003《石油天然气钢质管道对接环焊缝全自动超声波检测》的规定。

⑦ 焊缝返修应符合下列规定。

a. 焊道中出现的非裂纹性缺陷，可直接返修。若返修工艺不同于原始焊道的焊接工艺，或返修是在原来的返修位置进行时，必须使用评定合格的返修焊接工艺规程。

b. 当裂纹长度小于焊缝长度的 8% 时，应使用评定合格的返修焊接规程进行返修。当裂纹长度大于 8% 时，所有带裂纹的焊缝必须从管线上切除。

c. 焊缝在同一部位的返修，不得超过两次。根部只允许返修一次，否则应将该焊缝切除。返修后，按原标准检测。

⑧ 从事无损检测人员必须持有国家有关部门颁发的并与其工作相适应的资格证书。

阅读材料——塑料管道的焊接

随着高分子材料科学技术的迅速发展、塑料管道开发利用的不断深化以及生产工艺的逐步改进，塑料管道日益展现出其卓越的性能。与传统的铸铁管、镀锌钢管等金属管道相比，塑料管道具有节能节材、环保、轻质高强、耐腐蚀、耐磨损、耐绝缘、内壁光滑不结垢、施工和维修简便、使用寿命长等优点。广泛应用于建筑给排水、城乡给排水、城市燃气、电力和光缆护套、工业流体输送、农业灌溉等建筑业、市政、工业和农业领域。

据预测，十二五期间我国塑料管道生产量将保持在 10% 左右的增长速度，到 2015 年，预期全国塑料管道生产量将接近 1200 万吨，塑料管道在全国各类管道中市场占有率超过 60%。

随着塑料管材应用领域的不断扩大，塑料管材的品种也在不断增加，除了早期开发的供、排 PVC 管材、化工管材、农田排灌管材、燃气用聚乙烯管材外，近几年后增加了 PVC 芯层发泡管材、PVC、PE、双壁波纹管材、铝塑复合管材、交联 PE 管材、塑钢复合管材、聚乙烯硅芯管等。

塑料管道的连接方法分为：热熔对接焊、电熔焊、热熔承插焊和机械连接。热熔对接焊和电熔焊是塑料管道两种主要的连接技术。

塑料管道的热熔承插焊是利用加热工具的内环面和外环面分别对被焊塑料管道和管件相应的外环面和内环面加热，使之熔化，快速拔出加热工具，再将管材迅速插入管件，并施加一定力，冷却后达到焊接的目的，如图 6-11 所示。一般热熔承插焊适用于公称直径小于 125mm 塑料管道的焊接。

图 6-11　热熔承插焊

图 6-12　热熔对接焊

热熔对接焊是使用热熔对接焊机将两根管道的焊接端面加热到一定温度，使其熔化，然后迅速将其贴合，并施加一定的压力直至冷却，将两根管道对接焊在一起，如图 6-12 所示。按焊机加热板与被焊管道的接触方式可分为接触加热和红外辐射加热两种方式。当按照适当的工艺焊接，焊口部位的抗拉伸力和承压与管材本身相当或更强。热熔对接焊适用于直径大于 90mm 的塑料管道焊接。

塑料管道的电熔焊接是利用电熔管件内表面的电热丝通电加热，从而使管件的内表面及管道（或管件）的外表面熔化，由塑料焊管自身的热涨效应，使塑料管道和其连接件熔在一起，然后冷却到要求的时间，达到焊接的目的，如图 6-13 所示。塑料管道电熔焊中，要控制加热时间和加热电压或电流来保证熔融塑料的温度和压力达到合适的值，从而获得合格的焊接接头。

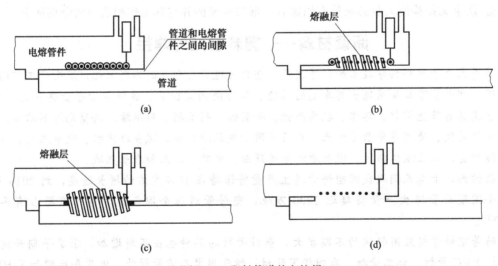

图 6-13　塑料管道的电熔焊

复习思考题

1. 简述焊接工艺评定与焊接工艺规程的区别与联系。
2. 列举焊接工艺规程的主要内容。
3. 在什么样的环境下，如未采取有效防护措施不得进行焊接？

4. 焊接材料管理应符合哪些要求？
5. 使用对口器有哪些规定？
6. 焊前预热有哪些规定？
7. 管道焊接应符合哪些规定？

第七章

压力管道焊接安全技术

本章主要介绍压力管道安全、焊接安全技术，主要包括：安全用电、防火防爆基础知识、各项安全操作规范、压力管道抢险操作规范、劳动卫生与防护、安全管理等。图 7-1 为常见安全标志。

图 7-1　常见安全标志

第一节　焊接安全用电

在管道焊接操作过程中，焊工需要经常接触电气装置，如在更换焊条时焊工的手会直接触及焊条，而电焊机的空载电压一般都超过了安全电压，故触电的概率也就增多。更危险的是，焊接电源与 380V/220V 的电网连接，一旦设备发生故障，或高压部分的绝缘破坏，网路中的高压电就会直接输入到焊钳、焊件及焊机外壳上，造成焊工的触电伤害事故。所以，触电事故是焊接操作的最主要的危险事故。所有用电的焊工都有触电的危险，必须懂得安全用电常识。

一、电流对人体的危害

人体是电的导体之一，当人体与带电导体、漏电设备的外壳或其他也带电的物体接触时，均可能导致对人体的伤害。根据电对人体的伤害部位和伤害程度不同，其表现形式也有所不同，共分为三种形式：电击、电伤和电磁场生理伤害。

电击：电流通过人体内部，破坏心脏、肺部或神经系统的功能叫做电击，通常称为触电。

电伤：电伤是电流的热效应、化学效应或机械效应对人体造成的局部伤害，包括电弧烧伤、烫伤、电烙印、电光眼、电气机械性伤害等不同形式的伤害。

电磁场生理伤害：是指在高频电磁场作用下，使人头晕、乏力、记忆力减退、失眠多梦等神经系统的症状。

通常所说的触电事故，基本上是指电击而言，绝大部分触电死亡也是由电击所致。

1. 影响触电伤害的因素

（1）电流强度　流经人体的电流引起人的心室颤动是电击致死的主要原因。电流越大，引起心室颤动所需时间越短，致命危险越大。

交流约 1mA、直流约 5mA 能使人感觉到电流；交流 5mA 能引起轻度痉挛；人触电后自己能摆脱的交流电约 10mA，直流电约 50mA；交流达到 50mA 时在较短的时间就能危及人的生命。

在比较干燥的情况下，人体电阻约为 $1000\sim15000\Omega$，通过人体不引起心室颤动的最大电流可按 30mA 考虑，则安全电压 $U=30\times10^{-3}A\times(1000\sim15000\Omega)=30\sim45V$，我国规定的安全电压为 36V。对于潮湿情况，人体电阻仅为 $500\sim650\Omega$，则安全电压 $U=30\times10^{-3}A\times(500\sim650\Omega)=15\sim19.5V$，我国规定为 12V。若通过人体的电流按不引起痉挛的电流 5mA 考虑，则安全电压 $U=30\times10^{-3}A\times(500\sim650\Omega)=2.5\sim3.75V$。

（2）电压　根据人能触及的电压，可将触电分成两种情况。

① 单相触电。

当人站在地上或其他导体上，身体其他部位碰到一根火线引起的触电事故叫做单相触电，此时碰到的电压是交流 220V，是比较危险的。

② 两相触电。

当人体同时接触两根火线引起的触电事故叫做两相触电，因碰到的电压是交流 380V，触电的危险会更大些。

（3）通电时间　电流通过人体的时间越长，危险性越大，人的心脏每收缩扩张一次，中间约有 0.1s 间歇，这段时间心脏对电流最敏感。若触电时间超过 1s，肯定会与心脏最敏感的间隙重合，增加危险。

（4）电流通过人体的途径　通过人体的心脏、肺部或中枢神经的电流越大，危险越大，因此人体从左手到右脚的触电事故最危险。

（5）电流的频率　通常电器设备都采用工频（50Hz）交流电，这对人来说是最危险的频率。

（6）人体的健康状况　人的健康状况不同，对触电的敏感程度不同，凡患有心脏病、肺病和神经系统疾病的人，触电伤害的程度都比较严重，因此一般不允许有这类疾病的人从事电焊作业。

2. 焊接作业用电特点

不同的焊接方法对焊接电源的电压、电流等参数的要求不同，我国目前生产的焊条电弧焊机的空载电压一般限制在 90V 以下，工作电压为 25～40V；自动电弧焊机的空载电压是 65V 左右；等离子切割电源的空载电压高达 300～450V。所有焊接电源的输入电压为 220～380V，都是 50Hz 的工频交流电，因此触电的危险是比较大的。

3. 焊接作业时造成触电的原因

（1）直接触电　直接触电发生在以下几种情况。

① 更换焊条、电极和焊接过程中，焊工的手或身体接触到焊条、电焊钳或焊枪的带电部分，而脚或身体其他部位与地或工件间无绝缘防护。当焊工在金属容器、管道、锅炉、船舱或金属结构内部施工，或当人体大量出汗，或在阴雨天或潮湿地方进行焊接作业时，特别容易发生这种触电事故。

② 在接线、调节焊接电流或移动焊接设备时，手或身体某部位碰到裸露而带电的接头线、接线柱、导线、极板及破皮或绝缘失效的电线电缆时，易发生触电事故。

③ 在登高焊接时，碰上低压线路或靠近高压电源线引起触电事故。

（2）间接触电

① 焊接设备的绝缘烧损、振动或机械损伤，使绝缘损坏部位碰到机壳，而人又碰到机壳会引起触电。

电焊设备漏电的原因：

a. 线圈因雨淋或受潮导致绝缘损坏而漏电。

b. 设备由于超负荷使用或内部短路而发热或有腐蚀性物质作用，致使绝缘性能降低而漏电。

c. 电焊设备因受震动、撞击而使线圈或引线的绝缘造成机械性的损坏，同时破损的导线与铁芯或箱壳相连而漏电。

d. 由于工作场地管理混乱，致使小金属物（如铁丝、铁屑、螺栓、螺母、焊条头之类）落入内，一端碰到电线头，另一端碰到箱壳或铁芯而漏电。

② 弧焊变压器的一次绕组与二次绕组之间绝缘破坏，错将变压器的输出端当输入端接到电网上，或者将输入电压为 220V 的弧焊变压器错接到 380V 的电网上，人体触及焊接回路裸导体而发生触电。焊机的火线和零线接错，导致设备机壳带电而发生触电。

③ 触及绝缘破坏的电缆、开关等而发生触电。

④ 由于利用厂房的金属结构、管道、轨道、天车吊钩或其他金属物搭接作为焊接回路而发生触电。

二、焊工预防触电注意事项

焊工要熟悉和掌握有关电的基础知识，预防触电及触电后的急救方法。严格遵守有关部门规定的安全规程，防止触电事故发生。具体的焊接安全技术如下。

① 焊工必须穿绝缘鞋，带皮手套并保持干燥。目前我国使用的劳保用鞋、皮手套，偶然接触 220V 或 380V 电压时，还不致造成严重后果。

② 弧焊设备的外壳必须接地或接零，而且接线应牢固，避免因为漏电而造成触电事故。绝对禁止在电焊机开动的情况下，接地线、接手把线。

③ 电焊设备与电力线路的连接、拆除以及电焊设备的电气维修必须由电工担任，焊工不得擅自处理。焊接电线软线（二次线）可由焊工连接，如外皮烧损超过两处，应更换、检修再用。

④ 焊工在拉、合电闸，或接触带电物体时，应戴好干燥的皮手套，且必须单手进行操作，因为双手拉合电闸或接触带电物体，如发生触电，会通过人体心脏形成回路，造成触电者迅速死亡。

⑤ 保持良好绝缘。对焊接设备、电源线、焊接电缆及电焊工具等，要定期检查其绝缘性能。

⑥ 在锅炉、容器、管道类工件内施焊时，应使用绝缘垫板，以防止触电。照明灯必须采用安全电压电源，一般不宜超过 12V。登高作业不能将电缆线缠绕在焊工身上或搭在背上。

第二节　焊接防火、防爆基础知识

金属焊接切割作业时，要使用高温、明火，且经常与可燃易爆物质及压力容器、管道接触。因此，在焊接操作中存在着发生火灾和爆炸的危险性。所有焊接现场在操作时，都要严格防火、防爆。

一、燃烧和爆炸的基本知识

1. 燃烧

（1）含义　燃烧是可燃物跟助燃物发生的一种剧烈的、发光、发热的化学反应。发生燃烧必须具备三个条件，即可燃物质、助燃物质（氧化剂）、达到燃烧点。

（2）燃烧的分类

① 闪燃。

闪燃是指易燃或可燃液体挥发出来的蒸气与空气混合后，遇火源发生一闪即灭的燃烧现象。发生闪燃现象的最低温度点称为闪点。闪点越低，发生火灾爆炸的危险性越大。

② 着火。

着火指可燃物质在空气中受到外界火源或高温的直接作用，开始起火持续燃烧的现象。这个物质开始起火持续燃烧的最低温度点称为着火点。

③ 自燃。

自燃物质在缓慢氧化的过程中会产生热量。如果产生的热量不能及时散失就会越积越多，靠热量的积聚达到一定的温度时，不经点火也会引起自发的燃烧而发生的燃烧现象叫做自燃。可燃物质受热升温而无需明火作用，即能自行燃烧的最低温度称为自燃点。

根据燃烧三要素，取消或破坏可燃物质、助燃物质、着火源三个条件中一个以上的条件，即可避免燃烧的产生。扑灭火时，可采取冷却、隔离或窒息的方法取消已产生的上述条件，而终止燃烧。

2. 爆炸

爆炸是物质由于状态变化，在瞬间以机械功的形式释放出大量气体和大量能量，使周围气压猛烈增高并产生巨大声音的现象。

爆炸可分为物理性爆炸和化学性爆炸。

可燃性气体或蒸气与空气混合后能够发生爆炸的浓度范围称为爆炸极限，最低浓度称为爆炸下限，最高浓度称为爆炸上限。可燃性物质的爆炸下限越低、爆炸极限范围越宽，爆炸的危险性亦越大。

化学性爆炸是在以下三个条件同时存在时，才能发生：

① 存在可燃易爆物。

② 可燃易爆物和空气混合并达到爆炸极限。

③ 爆炸性混合物遭遇火源作用。

防止化学性爆炸，就是制止上述三个条件同时存在。

燃烧和化学性爆炸实质上主要是氧化反应，两者关系是很密切的。由于发生火灾后引起爆炸，或者由于发生爆炸引起火灾。因此，对焊接时的防火防爆要引起高度重视。

二、焊接发生火灾爆炸的原因

1. 焊接时发生爆炸的几种情况

（1）可燃气体的爆炸 工业上大量使用的可燃气体，如乙炔（C_2H_2）、天然气等，与氧气或空气均匀混合达到一定限度，遇到火源便发生爆炸。这个限度称为爆炸极限，常用可燃气体在混合物中所占体积百分比来表示，例如：乙炔与空气混合爆炸极限为 2.2%～81%；乙炔与氧气混合爆炸极限为 2.8%～93%；丙烷或丁烷与空气混合爆炸极限分别为 2.1%～9.5% 和 1.55%～8.4%。

（2）可燃液体或可燃液体蒸气的爆炸 在焊接场地或附近放有可燃液体时，可燃液体或可燃液体的蒸气达到一定浓度，遇到电焊火花即会发生爆炸，例如：汽油蒸气与空气混合，其爆炸极限仅为 0.7%～6.0%。

（3）可燃粉尘的爆炸 可燃粉尘（例如镁、铝粉尘，纤维素粉尘等），悬浮于空气中，达到一定浓度范围，遇火源（例如电焊火花）也会发生爆炸。

2. 焊接发生火灾爆炸的原因

① 焊接切割作业时，尤其是气体切割时，由于使用压缩空气或氧气流的喷射，使火星、熔珠和铁渣四处飞溅（较大的熔珠和铁渣能飞溅到距操作点 5m 以外的地方），当作业环境中存在易燃、易爆物品或气体时，就可能会发生火灾和爆炸事故。

② 在高空焊接切割作业时，对火星所及的范围内的易燃易爆物品未清理干净，作业人员在工作过程中乱扔焊条头，作业结束后未认真检查是否留有火种。

③ 露天作业时，风力超过 5 级还要进行焊接作业。

④ 气瓶存在制度方面的不足，气瓶的保管充灌、运输、使用等方面存在不足，违反安全操作规程等。

⑤ 乙炔、氧气等管道的制定、安装有缺陷，使用中未及时发现和整改其不足。

⑥ 在焊补燃料容器和管道时，未按要求采取相应措施。在实施置换焊补时，置换不彻底，在实施带压不置换焊补时压力不够致使外部明火导入等。

三、防火、防爆措施

① 焊接场地禁止放易燃、易爆物品，保持足够的照明和良好的通风。焊接现场必须配

备足够数量的灭火器材。

② 作业现场要加强安全检查。焊接场地 10m 内不应储存油类或其他易燃、易爆物质的储存器皿或管线、氧气瓶等。

③ 在有易燃、易爆物的车间、场所或煤气管、乙炔管（瓶）附近焊接时，必须取得消防部门的同意。操作时要采取严密措施，防止火星飞溅引起火灾。

④ 焊工不准在木板、木砖地上进行焊接操作。

⑤ 焊工不准在手把或接地线裸露的情况下进行焊接操作。

⑥ 气焊气割时，要使用合格的气瓶及回火防止器、压力表（乙炔、氧气）。要定期校验，还要应用合格的橡胶软管。

⑦ 对受压容器、密闭容器、各种油桶和管道、沾有可燃物质的工件进行焊接时，必须事先进行检查，并经过冲洗除掉有毒、有害、易燃、易爆物质，解除容器及管道压力，消除容器密闭状态后再进行焊接。

⑧ 焊接密闭空心工件时，必须留有出气孔；焊接管子时，两端不准堵塞。

⑨ 在登高作业时，为防止火花落下或飞散引起燃烧爆炸事故，可用钢板、石棉板等非可燃材料作挡火板，防止火花飞溅。

⑩ 工作结束后，要切记拉闸断电，并认真检查，防止隐藏火种，酿成火灾。确定无隐患，方可离开。

第三节　焊接安全规定

一、电焊作业安全规定

① 电焊作业要严格遵守电气安全技术规程。除电焊机二次线路外，电焊工不许操作其他电气线路。

② 焊接工作前，先检查焊机和工具是否安全可靠。焊机外壳应接地，焊机各接线点接触应良好，焊接电缆的绝缘应无破损。

③ 电缆操作不得使人身、机器设备或其他金属构件等成为焊接回路，以防焊接电流造成人身伤害或设备损坏事故。

④ 施焊前应佩戴齐全防护用品。面罩应严密不漏光；清焊渣时，必须佩戴防护镜或防护罩。防止焊痘伤眼。

⑤ 在地面上或沟下作业时，应先检查管线垫墩和沟壁情况；沟下作业时，沟上应设专人负责监护。如有管线滚动和塌方可能，要立即停止作业并报告领导，采取措施后，方准作业。

⑥ 在高空和水上作业时，要采取防坠落、触电等措施；在容器内、隧道内施焊时，应采取通风和排烟措施，防止中毒，并设专人监护。

⑦ 电焊工的手和身体外露部分不得接触二次回路。特别是身体和衣服潮湿时，更不准接触焊件和其他带电体。焊机空载电压较高时或在潮湿地点施焊时，应在操作点地面铺绝缘材质垫板。

⑧ 在工作地点移动焊机、更换熔断器、焊机发生故障检修或更换焊件改装二次回路等，须切断电源。推拉闸刀开关时，必须戴皮手套，同时头部应偏斜，以防电弧火花灼伤脸部。

不允许拖拽电缆，焊接结束应将焊把、电缆放于支架上。

⑨ 焊接操作应注意电传导和热传导作业，避免电火花和高温引起火灾。

⑩ 焊接地点周围 5m 内，须清除一切可燃易爆物品，否则，应采取防护措施。

⑪ 焊接储、输过易燃、易爆或有毒介质的容器或管线，在焊接前必须经过检测和处理，按动火审批权限办理审批手续，否则不得施工。

二、气焊和气割作业安全规定

从事气焊、气割作业人员，须经相关部门培训、考试合格后，持特种作业安全操作证（焊工）上岗。

气焊气割作业人员应戴防尘（电焊尘）口罩穿帆布工作服、工作鞋，戴工作帽、手套，上衣不应扎在裤子里。口袋应有遮盖，脚面应有鞋罩，以免焊接时被烧伤。

禁止使用有缺陷的焊接工具和设备。氧气瓶、乙炔气瓶、减压器、压力表、橡胶管及焊割工具上，严禁沾染油脂。

焊接作业前，清除现场 10m 范围内油料、木材、草料等容易引起火灾、爆炸的易燃易爆物品，并做好危险源辨识和防火防爆、防烧伤烫伤的安全措施。

在焊接中禁止将带有油迹的衣服、手套或其他沾有油脂的工具、物品与氧气瓶软管及接头相接触。

可燃气体（乙炔）的橡胶软管如在使用中发生脱落、破裂或着火时，应首先将焊枪的火焰熄灭，然后停止供气。氧气软管着火时，应先采取措施停止供气。

乙炔和氧气管在工作中应防止沾上油脂或触及金属溶液。禁止把乙炔及氧气软管放在高温管道和电线上，不应将重的或热的物体压在软管上，也不准将软管放在运输通道上，不准把软管和电焊用的导线敷设在一起。

焊枪在点火前，应检查其连接处的严密性及其嘴子有无堵塞现象，禁止在着火的情况下疏通气焊嘴。

氧气阀门只准使用专门扳手开启，不准使用凿子、锤子开启。乙炔阀门应用特殊的键开启。

焊枪点火时，应先开氧气门，再开乙炔气门，立即点火，然后再调整火焰。熄火时与此操作相反，即先关乙炔气门，再关氧气门，以免回火。

点火时，焊枪口不准对人。

由于焊嘴过热堵塞而发生回火或多次鸣爆时，应先迅速地将乙炔气门关闭，再关闭氧气门，然后将焊嘴浸入冷水中。

焊工不准将正在燃烧中的焊枪放下；如有必要时，应先将火焰熄灭。

不准在带有压力（液体压力或气体压力）的设备上或带电的设备上进行焊接。

在林区、仓库、油库、高压室、配电室、电缆沟、注油设备附近等易燃易爆区的焊割作业，必须到相关单位办理许可手续和动火工作票，备有一定的消防器材，并设围屏防止金属熔渣飞溅引起火灾爆炸。

在沟道或井下工作时，必须在周围设置遮栏和警示标志。工作现场不应少于两人，地面上应有一人担任监护。进入沟道或井下的工作人员应戴安全帽，使用安全带，安全带的绳子应绑在地面牢固物体上，由监护人进行监视。如果工作人员需要撤离，沟道、井坑、孔洞的盖板和安全设施必须恢复，或在其周围设置临时围栏并装设照明等显著标志。

在高处进行焊接工作，必须系好安全带或装设围栏，焊件周围下方应装设围栏并有专人监护。禁止登在梯子的最高梯阶上进行焊接工作。

禁止在装有易燃物品的容器上或在油漆未干的结构或其他物体上进行焊接。

禁止在储有易燃易爆物品的房间内进行焊接。在易燃易爆材料附近进行焊接时，其最小水平距离不应小于 5m，并根据现场情况，采取安全可靠措施（用围屏或石棉布遮盖）。

对于存有残余油脂或可燃液体的容器，必须打开盖子，清理干净，对存有残余易燃易爆物品的容器，应先用水蒸气吹洗，或用热碱水冲洗干净，并将其盖口打开。对于上述容器所有连接的管道必须可靠隔绝并加装堵板后，方准许焊接。

在风力超过 5 级时禁止露天进行焊接或气割。但风力在 5 级以下 3 级以上进行露天焊接或气割时，必须搭设挡风屏以防火星飞溅引起火灾。

下雨雪时，不宜露天进行焊接或切割工作。如必须进行焊接时，应采取防雨雪的措施。

进行焊接工作时，必须设有防止金属熔渣飞溅、掉落引起火灾的措施以及防止烫伤、触电、爆炸等措施。焊接人员离开现场前，必须进行检查，现场应无火种留下。

焊接工作中断时，应关闭氧气和乙炔气瓶供气管路的阀门，确保气体不外漏。重新开始工作时，应再次确认没有可燃气体外漏时方可点火工作。

工作完毕后，工作负责人应清点人员和工具，作业人员应将气阀关好、拆下减压阀、气压表，拧上气瓶安全罩、盘起胶管，清扫场地，确认无着火危险后方可离开。

三、管道维修安全

有计划地检修及事故抢修时，常需要更换管段或对漏气、破裂的管线补焊，还有时在不停输的情况下进行，即使停输后维修，也不可能完全排空长距离管线内的天然气。因此，操作中必须注意防火、防爆和人身安全。

1. 严格动火管理

长距离输气管道维修动火大多是在生产运行过程中进行的，相应的危险性也较大。有的虽然经过放空，但有的管段较长，很难达到理想的条件，因此，凡在输气管道和工艺站场动火，都必须按照规定程序和审批权限，办理动火手续（图 7-2）。

图 7-2　严格动火管理

动火审批主要应考虑的安全问题：一是动火设备本身；二是动火时的周围环境。动火施工时，必须经过动火负责人检查确认无安全问题，待措施落实，办好动火票后，方可动火。要做到"三不动火"，即没有批准动火票不动火，防火措施不落实不动火，防火监护人不到现场不动火。动火过程中应随时注意环境变化，发现异常情况时要立即停止动火。

2. 动火现场安全要求

动火现场不许有可燃气体泄漏；坑内、室内动火作业，可燃气体浓度须经仪器监测小于爆炸下限的 25%，否则应采取强制通风措施，排除余气；动火现场 5m 以内无易燃物；坑内作业应有出入坑梯，以便于紧急撤离；动火后应检查现场，确认无火种后，才能离开。

3. 更换大直径输气管段的安全要求

更换直径大于 250mm 的管段时，应首先关闭该管段上、下游的截断阀，断绝气源，放空管段内余气；为了避免吸入空气，管内应留有 80～120mm 水柱的余压；在更换管段两端 3～5m 处开孔放置隔离球，隔离余气或用 DN 型开孔封堵器开孔，保证操作安全。

不停输封堵技术只是在上述过程之前，先在两个法兰短节之外再焊接两个法兰短节，按照同样的程序开孔后，先在外侧两个短节之间连接旁通管道，导通油流后，再由内侧两个短节进行封堵。

排放管内天然气时，应先点火，后放空。若管道地形起伏，从多处放空口排放时，处于低洼处的放空管将先于高处放完。为了保证管内留有一定余压，在放空口火焰降至大约 1m 高时，关闭放空阀门。

切割隔离球孔宜采用机械开孔。采用气割时，须事先准备好消防器材，切割完后立即用石棉布盖住孔口并灭火。若管内有凝析油，应先用手提式电钻在管线上钻一个小孔，用软管插入孔内向管内注入氮气后，再切割隔离球孔。切割过程中应不断充氮气。向隔离球中充入的气体必须是惰性气体（常用氮气）或二氧化碳，严禁用氧气或其他可燃性气体。

割开的管段内沉淀黑色的硫化铁时，应用水清洗干净，防止其自燃。若管内有凝析油，动火前应在管道低洼处开小孔，将油抽出，开孔及抽油过程中不断注入氮气。

管段焊完恢复输气时，应首先置换管内空气。若有自燃的硫化铁存在，可在清管前推入一段水或惰性气体，将自燃的硫化铁熄灭，防止混合气爆炸。

4. 输气站内管线维修的安全要求

输气站内设备集中、管线复杂、人员较多，除了遵守上述维修安全要求外，维修人员应熟悉站内流程及地下管线分布情况，熟悉所维修设备的结构、维修方法。还应注意：对动火管段必须截断气源，放空管内余气，用氮气置换或用蒸汽吹扫管线。该段与气源相连通的阀门应设置"禁止开闭"的标志并派专人看守，对边生产边检修的站场，应严格检查相连部位是否有串漏气现象，或加隔板隔断有气部分，经检测确认无漏气后才能动火。

管道组焊或修口动火前必须先做"打火试验"，防止"打炮"伤人。

站内或站场四周放空时，站内不得动火；站内施工动火过程中，不得在站内或站场四周放空；动火期间，要保持系统压力平稳，避免安全阀起跳。

第四节　焊接有害因素与防护

一、焊接有害因素

焊接发生的有害因素与所采用的焊接方法、工艺规范、焊接材料及母材材料等有关，大致有以下有害因素。

1. 电焊弧光辐射

电焊弧光辐射包括红外光、可见光和紫外线。弧光辐射作用到人体上，被体内吸收，引起组织的热作用、光化学作用和电离作用。在防护不好的情况下，能造成皮肤和眼睛的损害。皮肤疾病主要表现为皮炎、慢性红斑和小水泡渗出；眼睛疾病主要表现为电光性眼炎（主要症状为失明、流泪、异物感、刺痛、眼睑红肿等）和红外光白内障，视力减退，严重时能导致失明，此外，还可能造成视网膜灼伤。

2. 焊接烟尘和有毒气体

焊接烟尘也称之为金属烟尘，是由于焊条及焊件金属在电弧高温作用下熔融时蒸发、凝结和氧化而产生。电焊烟尘中主要毒物是锰、氟、铁、硅。它们尘粒极细，大多在 $3\mu m$ 以下，在空气中停留的时间较长，容易被吸入肺内和沉积于肺泡而造成危害。对健康的短期影响表现为呼吸道的刺激、咳嗽、胸闷、金属蒸气所致的低热以及急性流感症状等；长期的影响是肺部的尘埃沉着病症及肿瘤。

有毒气体主要是臭氧、氮氧化物、一氧化碳和氟化氢。我国卫生标准规定：臭氧的最高允许浓度为 $0.3mg/m^3$，氮氧化物（换算为二氧化氮）的最高允许浓度为 $5mg/m^3$，一氧化碳的最高允许浓度为 $30mg/m^3$，氟化氢（换算为氟）的最高允许浓度为 $1mg/m^3$。

焊接烟尘和有毒气体存在着一定的内在联系。焊接烟尘越多，电弧辐射越弱，有害气体浓度越低。

3. 射线

非熔化极氩弧焊和等离子弧焊使用钍钨电极，钍放射 α 射线、β 射线、γ 射线三种射线。真空电子束焊发射 X 射线。这些射线长期照射人体，会造成中枢神经系统、造血器官和消化系统的疾病，严重者发生放射病。

4. 噪声

在焊接生产现场会出现不同的噪声源，如对坡口的打磨、装配时锤击、焊缝修整等。等离子喷焊、喷涂和切割等过程中，由于等离子焊焰流从喷口高速喷出而产生噪声。例如，手工打磨的噪声达 108dB。一般情况下，当噪声超过标准允许值 5～20dB 时，就对焊工产生有害影响，会损害听觉和神经系统等。

5. 高频电磁场

非熔化极氩弧焊和等离子弧焊需有高频振荡器激发引弧，在引弧瞬间存在高频振荡磁场。高频电磁场会损害神经系统和造血器官。焊工长期接触高频电磁场能引发植物神经功能紊乱和神经衰弱。表现为全身不适、头昏头痛、疲乏、食欲不振、失眠及血压偏低等症状。

二、焊接防护措施

1. 电焊烟尘和有毒气体防护

防护措施主要有四个方面：一是通风技术措施；二是改革焊接工艺；三是改进焊接材料；四是个人防护措施。

（1）通风技术措施　通风技术措施分全面通风和局部通风两类。前者需要大量换气，设备投资大，运转费用高，且不能立即降低局部烟尘和有毒气体浓度，效果不显著。对于大车间，寒冷季节热量损失大，不易维持正常温度，所以只能作为辅助措施。通风技术措施首先考虑的应是焊接作业点的局部通风。图 7-3 为焊接车间排烟风管。

局部通风有送风和排气两种。局部排气使用效果最好，方便灵活，费用小，被广泛应用。局部排气有排烟罩、排烟焊枪、强力小风机等几种方法。

图 7-3　焊接车间排烟风管

（2）改革焊接工艺　使焊接操作实现机械化、自动化，以减少焊工接触烟尘和有毒气体的机会，是焊接卫生防护的一项根本措施，例如，采用埋弧自动焊代替焊条电弧焊；在电弧焊接工艺中应用各种形式的专用机械手；合理设计焊接容器的结构，尽可能采用单面焊双面成形等新工艺；减少或避免在容器中施焊，以减轻尘毒的危害等。

（3）改进焊接材料　采用无毒或低毒的焊接材料代替毒性大的焊接材料。我国已研制出一批新型号或新药皮配方的低氢型碱性焊条，这些药皮均具有低锰、低氟、低尘的特点。氩弧焊和等离子弧焊接切割时不用钍钨棒，改用放射性较低的铈钨或钇钨电极。

（4）个人防护措施　包括眼、耳、口鼻、身的防护用品。除了一般防护用品如口罩、头盔、护耳器等之外，还应根据具体要求，采用适合焊接作业的特殊防护用品，如送风防护头盔、送风口罩、分子筛除臭氧口罩等。

为保护眼睛不受弧光伤害，焊接时必须使用镶有特制防护镜片的面罩。防护镜片有吸收式滤光镜片和反射式防护镜片两种。滤光镜片根据颜色深浅分为几种牌号，见表 7-1，应按照焊接电流的强度选用。近年来研制成的高反射护目镜片效果最好，在吸收式滤光镜片表面镀上铬-铜-铬三层金属薄膜，能将弧光反射回去，从而避免了滤光镜片吸收弧光辐射后转变为热能的缺点。

表 7-1　国产护目玻璃的牌号及用途

玻璃牌号	颜色深浅	用途
12	最暗的	供电流大于 350A 的焊接用
11	中等的	供电流为 100～350A 的焊接用
10	最浅的	供电流小于 100A 的焊接用

为防治弧光灼伤皮肤，除采用面罩保护脸部外，焊工还必须穿好工作服，带好手套、鞋盖等。图 7-4 为焊接个人全面防护。

2. 射线防护

（1）氩弧焊和等离子弧焊的射线防护措施

① 综合性措施，如对施焊区实行密闭，用薄金属板制成密闭罩，将焊枪和焊件置于罩内，罩的一侧设有观察防护镜。这样使有毒气体、电罩烟尘都被最大限度地控制在一定空间内，再通过净化装置排出。

② 焊接地点应设有单室，钍钨棒存储地点最好是地下室，并且存放在封闭式铁箱内，大量存放时铁箱要安置通风装置。

③ 磨尖钍钨棒时应戴防尘口罩。钍钨棒磨尖应备有专用砂轮机，并需安装除尘设备。

砂轮机地面上的磨屑应经常做湿式扫除，并集中深埋处理。地面、墙壁最好铺设瓷砖或水磨石，以利于清扫污物。

④ 手工焊接操作时，必须戴送风防护头盔，或采取其他有效的通风措施。选用合理的工艺规范，可避免钍钨棒的过量烧损。

⑤ 接触钍钨棒后应以流动水和肥皂洗手，并经常清洗工作服及手套等。

⑥ 以铈钨棒电极代替钍钨棒电极。

（2）真空电子束焊的射线防护措施

① 对电子束焊机采取屏蔽防护，防止 X 射线漏出。

② 工作电压比较高时，操作者应佩戴铅玻璃眼镜，保护眼睛晶状体。

③ 不影响工作的情况下，增加焊工与焊件之间的距离，并根据现场测定照射量率，确定合理的工作时间。

④ 电子束焊机启用前或在更换电子枪后，应进行 X 射线检测。

图 7-4　焊接个人全面防护

3. 噪声防护

噪声强度与焊接工作气体的流量有关，因此在保证等离子切割、喷涂等工艺要求的前提下，尽量选择低噪声的工作参数。焊工应戴隔音耳罩或隔音耳塞。在房屋和设备上装设吸声和隔声材料。采用适合于焊枪喷口部位的小型消声器。

4. 高频电磁场防护

使焊件良好接地，接地点距离焊件越近，降低高频电流效果越好。

焊接电缆和焊枪装设屏蔽，其方法是把铜质编织软线套在电缆胶管外面，一直套到焊把处，并在焊机出头处接地。

在不影响使用的情况下，适当降低振荡器频率。

第五节　焊接安全管理

加强安全管理对预防焊接工伤事故和减小职业危害有重要意义。如果安全管理水平低，即使有完善的安全技术措施，工伤事故和职业危害还是可能发生或存在。

一、焊接作业点组织及消防措施

1. 焊接工作点组织

① 焊接作业现场应有必要的通道，一旦发生事故，便于撤离事故现场，便于消防和医务人员抢救。车辆通道宽度不得小于 3m，人行通道不得小于 1.5m。

② 焊接作业点的设备、工具和材料都应排列整齐，不得乱堆乱故。所有气焊胶管、焊接电缆等不得互相缠绕。可燃气瓶和氧气瓶应分别存放，用毕的气瓶应及时移出工作场地，不得随便横卧放。

③ 焊工作业面积不应小于 4m²，地面应干燥。工作地点应有良好的天然采光或局部照明，保证工作面照度达 50%～100%。

④ 室内切割作业应通风良好，不使可燃易爆气体或蒸气滞留。多电焊割作业或有其他工种混合作业时，各工位间应设防护屏。

⑤ 室外焊割作业时，地面工作应与登高作业、起重设备吊运、车辆运输等密切配合，秩序井然地工作，不得互相干扰。

⑥ 在地沟、坑道、检查井、管段和半封闭地段等处，以及在油漆未干的室内、油舱等焊接时，应先判明其中有无爆炸和中毒的危险。必须用仪器进行检测分析，禁止用火柴、燃着的纸及其他不安全的方法进行检查。作业点附近的敞开孔洞和地沟、钢罐和管道，应用石棉板盖严，防止火花飞入。

⑦ 焊割作业点周围 10m 范围内，如有不能清除撤离的可燃易爆物品如木材垛、化工原料等，应采取可靠的安全措施，如用水喷湿、覆盖石棉布、湿麻袋等。在操作现场附近，有可燃性隔热保湿材料的设备和工程结构，也应预先采取隔绝火星的安全措施，防止在其中隐藏火种，酿成火灾。

2. 消防措施

① 电焊设备着火时，首先要拉闸断电，然后再扑救。在未断电之前，不能用水或泡沫灭火器灭火，否则容易触电伤人。应当用干粉灭火器、二氧化碳灭火器、四氯化碳灭火器或 1211 灭火器扑救。但应注意，干粉灭火器不适用于旋转式直流焊机的灭火。

② 乙炔发生器着火时，应先关闭出气阀门，停止供气，并使电石与水脱离接触。可用二氧化碳灭火器或干粉灭火器扑救，禁止用四氯化碳灭火器、泡沫灭火器或水。采用四氯化碳灭火器扑救乙炔的着火，不仅有发生爆炸的危险，而且会产生剧毒的气体。

③ 电石桶、电石库着火时，不能用水或泡沫灭火器灭火。水分可助长电石分解而扩大火势。也不能用四氯化碳灭火器扑救，而应用干砂、干粉灭火器和二氧化碳灭火器。

④ 氧气瓶着火时，应迅速关闭氧气阀门，停止供氧，使火自行熄灭。如邻近建筑物或可燃物失火，应尽快将氧气瓶转移到安全地点，防止其受火场高热影响而爆炸。

⑤ 液化石油气瓶在使用或储运过程中，如果瓶阀泄漏而又无法制止时，应立即把瓶体移至室外安全地带，让其逸出，直到瓶内气体排尽为止。同时在气态石油气扩散所及的整个范围内，禁止出现任何火源。如果瓶阀漏气着火，应立即关闭瓶阀，若无法靠近时，应立即用大量冷水喷注，使气瓶降温，抑制瓶内升压和蒸发，然后关闭瓶阀，切断气源灭火。

二、预防焊接灼伤和机械伤害的措施

1. 预防焊接灼伤的措施

① 焊工必须穿戴完好的工作服和防护用具。上衣不可塞在裤子里，以免金属熔滴飞入致伤。裤脚口或鞋盖应罩住工作鞋，工作服的口袋应盖好。焊工应戴隔热性能好，并有一定绝缘性能的干燥手套，避免灼伤手臂。

② 操作焊接开关时，应当在焊接线路完全断开、没有焊接电流的情况下方可操作开关，预防发生飞弧灼伤。旋转式直流焊机应当用磁力启动器启动，严禁直接用闸刀开关启动。

③ 预热焊件时，为避免灼伤，焊接的烧热部分应当用石棉板遮盖，只露出焊接部位。为防止清渣时灼烫眼睛，焊工应戴透明度较好的防护眼镜。

2. 预防机械伤害的措施

① 焊件必须放置平稳，尤其是躺卧在构件底下的仰焊作业时更需注意。焊接前应选用或制作合适的夹具，使焊件固定牢靠。不得在行车吊运的焊件上施焊。焊接转胎的机械传动

部分应设置防护罩。

②　在天车轨道上焊接时，应预先与行车司机取得联系，并设防护装置。在点火机车上焊接时，应注意听取呼唤信号，以免在试闸动车时发生轧挤、摔落事故。

③　在已停止转动的设备和机械内进行焊接时，必须切断设备和机器的主机、辅机、运转机构的电源和气源，锁住启动开关，以防误动作而发生机械伤害事故。

④　清铲焊件边角时，应戴护目镜，并注意避免崩屑伤害附近人员，必要时装设防护屏。

三、焊接急性中毒的预防

1. 发生急性中毒的原因

①　某些焊接工艺过程产生较多的窒息性气体（如 CO_2 保护焊产生的一氧化碳）和其他有毒气体（如低氢型焊条产生的氟化氢），由于作业空间狭小、通风不良等，可能造成焊工急性中毒。

②　在狭小的作业空间焊接有涂层（如镀铅、镀锌、涂漆等）或经过脱脂的焊件时，涂层物质和脱脂剂在高温作用下蒸发或裂解，形成有毒气体和蒸气。

③　由于设备内部尚存在超过允许浓度的生产性毒物（如苯、汞蒸气、涂漆等）或经过脱脂的焊件时，涂层物质和脱脂剂在高温作用下蒸发或裂解，也会形成有毒气体和蒸气。

④　焊接铜、铅等有色金属时，产生有害的金属氧化物烟尘。

2. 预防急性中毒的措施

①　焊接经过脱脂处理或有涂层的焊材时，应预先除去焊缝周围的涂层和溶剂。也可在操作地点装设局部排烟装置。

②　当焊接作业的室内高度小于 4m，每个焊工工作空间小于 $200m^3$，或工作间内部有影响空气流动的结构，而使焊接作业点的烟尘及有毒气体超过允许浓度时，应采取全面通风换气措施，全面通风换气应保证每个焊工有 $57m^3/min$ 的通风量。

③　采用置换作业焊补容器时，焊工进入前，应先用空气进行再置换，并取样化验容器内的含氧量和有毒物质是否符合安全要求。

④　焊工进入容器或地沟施焊时，应设专人看护，还应在焊工身上系一条牢靠的安全绳，另一端系铜铃并固定在容器或地沟外。焊工在操作中一旦发生紧急情况，既可以响铃为信号，又可利用绳子作为从容器里救出焊工的工具。

四、制定焊接安全操作规程

焊接安全操作规程是保障焊工安全健康，促进安全生产的指导性文件，是安全管理一项必不可少的重要措施。应根据不同的焊接工作制定相应的安全操作规程，还应按照企业的专业特点和作业环境，制定相应的安全操作规程。

复习思考题

1. 电对人体的伤害形式有哪些？影响触电伤害的因素有哪些？
2. 焊工预防触电可采取哪些安全技术措施？
3. 焊接施工时要采取哪些防火、防爆措施？
4. 电焊作业、气焊和气割作业有哪些安全规定？
5. 焊接有害因素有哪些？如何防护？
6. 如何预防焊接急性中毒？

附录

特种设备焊接操作人员考核细则

特种设备安全技术规范　　TSG Z6002—2010

中华人民共和国国家质量监督检验检疫总局颁布

第一条　为了规范特种设备焊接操作人员考核工作，根据《特种设备作业人员监督管理办法》、《特种设备作业人员考核规则》，制定本细则。

第二条　本细则适用于从事《特种设备安全监察条例》中规定的锅炉、压力容器（含气瓶，下同）、压力管道（以下统称为承压类设备）和电梯、起重机械、客运索道、大型游乐设施、场（厂）内专用机动车辆（以下统称为机电类设备）焊接操作人员（以下简称焊工）的考核。

第三条　从事下列焊缝焊接工作的焊工，应当按照本细则考核合格，持有《特种设备作业人员证》：

（一）承压类设备：受压元件焊缝、与受压元件相焊的焊缝、受压元件母材表面堆焊；

（二）机电类设备：主要受力构件焊缝，与主要受力构件相焊的焊缝；

（三）熔入上述焊缝内的定位焊缝。

第四条　各省、自治区、直辖市的质量技术监督部门（以下简称省级质量技术监督部门）负责确定并且公布本行政辖区内的焊工考试机构及其考试类别、项目范围，其中承担长输管道和非金属材料的焊工考试机构及其考试类别、项目范围，由省级质量技术监督部门审核后报国家质量监督检验检疫总局（以下简称国家质检总局）确定并公布。

第五条　焊工考试机构在公布的考试类别、项目范围内组织实施考试。

由省级质量技术监督部门或者授权设区的市的质量技术监督部门（以下简称市级质量技术监督部门），对焊工考试进行监督、审核、发证和复审。

第六条　焊工考试包括基本知识考试和焊接操作技能考试两部分。考试内容应当与焊工所申请的项目范围相适应。基本知识采用计算机考试，焊接操作技能考试采用施焊试件并进行检验评定的方法。

第七条　有下列情况之一的，应当进行相应基本知识考试，其余情况由考试机构决定是否需要进行基本知识考试：

（一）首次申请考试；

（二）改变或增加焊接方法；

（三）改变或增加母材种类（如钢、铝、钛等）；

（四）被吊销《特种设备作业人员证》的焊工重新申请考试。

第八条　特种设备金属材料和非金属材料焊工考试范围、内容、方法和结果评定，按照本细则附件A、附件B的规定执行。

　　按焊接方法的机动化程度，将焊工分为手工焊焊工、机动焊焊工和自动焊焊工。机动焊焊工和自动焊焊工合称为焊机操作工。

　　第九条　焊工考试机构应当满足以下条件：

　　（一）由具有法定资格的单位或者机构、组织设立；

　　（二）有常设的组织、管理部门和固定的办公场所；

　　（三）焊工考试用设备、设施与焊工考试类别、项目范围相适应；

　　（四）专职人员不少于3人，人员技术能力与焊工考试类别、项目范围相适应；

　　（五）具有焊接工艺评定能力，有满足焊工考试要求的焊接作业指导书，有适用于不同焊接方法、不同材料种类的基本知识考试题库；

　　（六）具有焊工考试质量保证体系，有健全的考场纪律、监考考评人员守则、保密制度、考试管理、档案管理、财务管理、应急预案等各项规章制度，并且能够有效实施；

　　（七）焊工考试实行计算机管理与视频管理。

　　焊工考试机构的人员、设备、场地等基本条件见表1。

表1　焊工考试机构基本条件

项目	金属类焊工考试机构	非金属类(PE)焊工考试机构
主要人员	① 主任(或者副主任)、技术负责人、焊接操作技能教师(2名)应为本单位正式人员 ② 主任(或者副主任)、技术负责人应具有工程师职称 ③ 主任(或者副主任)、技术负责人和焊接操作技能教师应从事焊接工作5年	
无损检测人员	① Ⅱ级资格射线检测人员2名 ② 承担堆焊项目考试，有Ⅱ级表面检测人员1名	—
场地	① 焊接操作技能考试固定场所应满足焊工考试要求，考试工位10个，包括3种焊接方法 ② 计算机考位6个	① 焊接操作技能考试固定场所应满足焊工考试要求，包括热熔法与电熔法在内的考试工位5个 ② 计算机考位5个
设备与设施	拥有相应焊接设备、焊材烘干设备、试件和试样加工设备、射线透照设备、检验设备和测量工具，这些设备与设施不得租赁或者借用	拥有相应焊接设备、试验设备，这些设备与设施不得租赁或借用
焊工数量	企业设立焊工考试机构，本单位的焊工应有100名	—

　　注：1. 表1中的人员资格和数量、设备等为最低要求（以下同）。

　　2. 主任或者副主任可以兼任技术负责人。

　　第十条　焊工考试机构中技术负责人和焊接操作技能教师应当熟悉并掌握本细则内容和焊接专业知识。焊接操作技能教师还需要进行焊接操作技能考试，考试合格方可担任相应的职务。

　　考试机构的技术负责人和焊接操作技能教师的考核工作由省级质量技术监督部门指定考试机构组织实施。

　　第十一条　焊工考试机构的焊接操作技能教师所持有的项目，即为该考试机构承担焊工考试的项目范围。焊接操作技能教师在任职期间，可视为从事特种设备焊接作业。

　　第十二条　焊工考试机构的主要职责如下：

　　（一）制定焊工考试计划并向社会公布；

　　（二）审查焊工考试申请资料；

　　（三）确定基本知识考试试卷和操作技能考试试件；

　　（四）准备考试用试板（管）、焊材、设备、设施；

（五）组织实施焊工基本知识计算机考试和焊接操作技能考试，负责试卷的评判和试件、试样的检验，评定考试成绩；

（六）公布、通知和上报考试结果；

（七）建立和管理焊工考试档案；

（八）根据申请人的委托向发证机关统一申请办理《特种设备作业人员证》；

（九）根据申请人的委托向发证机关统一申请办理《特种设备作业人员证》的复审；

（十）接受各级质监部门的监督；

（十一）向发证机关提交年度工作总结以及考试相关统计报表，并且按照特种设备信息化工作的规定，及时将相关信息输入特种设备人员库。

第十三条 焊工考试机构只能在批准的考试类别、项目范围内组织实施焊工考试，如果变更考试类别、项目范围，应当向省级质量技术监督部门提出申请，待批准公布后，方能按新考试类别、项目范围组织实施焊工考试。

第十四条 焊工考试机构的法定资格、地址、所有制与隶属关系，以及主任（或者副主任）、技术责任人、焊接操作技能教师变更后，应当在 15 日内向省级质量技术监督部门办理变更手续，并报告所在市级质量技术监督部门。

第十五条 市级质量技术监督部门负责对行政辖区内的焊工考试实施监督检查。每年至少进行一次现场监督检查，并且将监督检查结果报上级质量技术监督部门。

监督检查的内容如下：

（一）焊工考试机构的资质、资源条件与考试类别、项目范围；

（二）焊工考试申请资料；

（三）焊工考试质量保证体系运转与执行情况；

（四）焊工考试用焊接工艺评定和焊接作业指导书以及基本知识考试题；

（五）焊工考试机构及焊接操作技能教师的实际能力；

（六）不定期对焊工考试过程进行现场监督。

第十六条 焊工考试程序包括考试报名、申请资料审查、考试、考试成绩评定与通知。

第十七条 申请《特种设备作业人员证》的焊工，应当向省级质量技术监督部门或者国家质检总局公布的特种设备作业人员考试机构报名参加考试。

第十八条 报名参加考试的焊工，应当向考试机构提交以下资料：

（一）《特种设备焊接操作人员考试申请表》（见附件 C，1 份）；

（二）身份证（复印件，1 份）；

（三）1 寸正面近期免冠照片（2 张）；

（四）初中以上（含初中）毕业证书（复印件）或者同等学历证明（1 份）；

（五）医疗卫生机构出具的含有视力、色盲等内容的身体健康证明。

《特种设备焊接操作人员考试申请表》由用人单位（或者培训机构）签署意见，明确申请人经过安全教育和培训，能够严格按照焊接作业指导书进行操作。

第十九条 焊工考试机构应当在收到报名资料 15 个工作日内完成审查。对符合要求的，通知申请人参加考试；对不符合要求的，通知申请人及时补正资料或者说明不符合要求的理由。

第二十条 焊工考试机构在考试 10 日前将焊工基本知识考试和焊接操作技能考试项目、时间和地点通知申请人和相应的质量技术监督部门。

焊工基本知识考试合格后方能参加焊接操作技能考试。焊工基本知识考试合格有效期为 1 年。

考试组织工作要严格执行保密、监考等各项规章制度，确保考试工作的公开、公正、公平、规范，保证考试工作质量。

第二十一条 焊工考试机构应当在考试结束后的 30 个工作日内，完成考试成绩的评定。焊工基本知识考试和焊接操作技能考试的结果应当记入《特种设备焊工考试基本情况表》（见附件 D），焊接操作技能考试试件的检验记录应当记入《特种设备金属材料焊工焊接操作技能考试检验记录表》（见附件 E）和《特种设备非金属材料焊工焊接操作技能考试检验记录表（PE 管）》（见附件 F）（附件 E 和附件 F 以下统称焊工焊接操作技能考试检验记录表）。

第二十二条 焊工考试结果报发证部门并通知报名的焊工。基本知识考试和焊接操作技能考试全部合格的焊工，由考试机构汇总焊工报名资料、考试资料（附件 C、附件 D、考试试卷、附件 E 或者附件 F）向发证机关统一申请办理《特种设备作业人员证》，也可以由焊工个人向发证机关申请办理。

第二十三条 焊工报名资料和考试资料，由考试机构存档。

第二十四条 持证焊工应当按照本细则规定，承担与合格项目相应的特种设备焊接工作。

《特种设备作业人员证》在全国各地同等有效。

第二十五条 《特种设备作业人员证》每四年复审一次。

首次取得的合格项目在第一次复审时，需要重新进行考试；在第二次以后（含第二次）复审时，需要在合格项目范围内抽考。

第二十六条 持证焊工应当在期满 3 个月前，将复审申请资料提交给原考试机构，委托焊工考试机构统一向发证机关提出复审申请；焊工个人也可以将复审申请资料直接提交原发证机关，申请复审。

跨地区作业的焊工，可以向作业所在地的发证机关申请复审。

第二十七条 申请复审时，持证焊工应当提交以下资料：

（一）《特种设备焊接操作人员复审申请表》（见附件 G，1 份）；

（二）《特种设备作业人员证》（原件）；

（三）《特种设备焊工焊绩记录表》（见附件 H，1 份）；

（四）《特种设备焊工考试基本情况表》（见附件 D，1 份）；

（五）重新考试或抽考的焊工焊接操作技能考试检验记录表（1 份）；

（六）医疗卫生机构出具含有视力、色盲等内容的身体健康证明（原件）。

《特种设备焊接操作人员复审申请表》由用人单位（或者考试机构）签署意见，明确申请人经过安全教育和培训，有无违规、违法等不良记录。

第二十八条 复审时，满足以下所有要求的为复审合格：

（一）提交的复审申请资料真实齐全；

（二）年龄不超过 55 周岁；

（三）没有因违反工艺纪律以致发生重大质量事故；

（四）合格项目重新考试或抽考结果至少有一个项目合格。

第二十九条 发证机关应当在 5 个工作日内对复审资料进行审查，或者告知申请人补正申请资料，并且做出是否受理的决定。能够当场审查的，应当场办理。

对同意受理的复审申请，发证机关应当在 20 个工作日内完成复审。合格的，在证书正本上登记复审考试通过的项目并签章；不合格的，应当书面说明理由。

第三十条 出现下列情况之一的持证焊工应当重新考试：

（一）某焊接方法中断特种设备焊接作业六个月以上，再使用该焊接方法进行特种设备焊接作业前；

（二）年龄超过 55 岁的焊工，仍然需要继续从事特种设备焊接作业。

第三十一条 逾期未申请复审、复审不合格者，其《特种设备作业人员证》失效，由发证机关予以注销。

第三十二条 有下列情况之一的，原发证机关可吊销或者撤销其《特种设备作业人员证》：

（一）以考试作弊或者以其他欺骗方式取得《特种设备作业人员证》；

（二）违章操作造成特种设备事故的；

（三）考试机构或者发证机关工作人员滥用职权，玩忽职守，违反法定程序或者超越范围考试发证的。

第三十三条 以考试作弊或者以其他欺骗方式取得《特种设备作业人员证》的焊工，吊销证书三年内不得重新提出焊工考试申请。

第三十四条 焊工和签署意见的用人单位（或者考试机构）应当对《特种设备焊接操作人员考试申请表》《特种设备焊接操作人员复审申请表》中的内容真实性负责。

考试机构应当对焊工申请考试资料的完整性和《焊工考试基本情况表》《特种设备金属材料焊工焊接操作技能考试检验记录表》《特种设备非金属材料焊工操作技能考试检验记录表（PE管）》的真实性负责。

发证机关应当对焊工考试的程序和审查结论负责。

第三十五条 发证机关应当将颁发《特种设备作业人员证》的相关数据录入到国家质检总局特种设备作业人员公示系统中。

第三十六条 用人单位应当根据本细则规定，结合本单位的实际情况，制定焊工考试管理办法，并且建立焊工焊接档案。焊工焊接档案应当包括焊工焊绩、焊缝质量汇总结果、焊接质量事故等内容，并且为焊工的取证和复审提供客观真实的证明资料。

焊工解除聘用关系后，原用人单位有责任向发证机关提供焊工焊接档案资料。

第三十七条 本细则规定以外的焊接方法、材料类别、填充材料类别、特殊焊缝（如耐磨层堆焊、端接焊缝和塞焊缝等）和特殊条件的焊工考试，其范围、内容、方法和结果评定标准，由发证机关组织制造（安装、改造、维修）单位、考试机构，按照产品设计和制造技术条件、参照国内外相关标准制订。必要时，组织专家进行审查，并且报国家质检总局备案。

第三十八条 焊工用《特种设备作业人员证》的样式，证书编号方法由国家质检总局公布，证书由国家质检总局统一印制。

第三十九条 本细则由国家质检总局负责解释。

第四十条 本细则自2011年2月1日起施行，2002年4月18日国家质检总局颁布的《锅炉压力容器压力管道焊工考试与管理规则》（锅质检锅〔2002〕109号）同时废止。

附件A　特种设备金属材料承压焊焊工考试范围、内容、方法和结果评定

A1　适用范围

本附件规定了特种设备金属材料承压焊焊工考试范围、内容、方法、结果评定及项目代号。

本附件适用于承压类特种设备用金属材料的气焊、焊条电弧焊、钨极气体保护焊、熔化极气体保护焊、埋弧焊、等离子弧焊、气电立焊、电渣焊、摩擦焊、螺柱焊和耐蚀堆焊的焊工考试。

A2　术语

A2.1　焊工

从事焊接操作的人员。焊工分为手工焊焊工、机动焊焊工和自动焊焊工。机动焊焊工和自动焊焊工合称焊机操作工。

A2.2　手工焊

焊工用手进行操作和控制工艺参数而完成的焊接，填充金属可以由人工送给，也可以由焊机送给。

A2.3　机动焊

焊工操作焊机进行调节与控制工艺参数而完成的焊接。

A2.4　自动焊

焊机自动进行调节与控制工艺参数而完成焊接。

A2.5 焊机操作工

操作机动焊、自动焊设备的焊工。

A3 基本知识考试范围

(1) 承压类特种设备法律、法规和标准;

(2) 承压类特种设备的分类、特点和焊接要求;

(3) 金属材料的分类、牌号、化学成分、使用性能、焊接特点和焊后热处理;

(4) 焊接材料(包括焊条、焊丝、焊剂和气体等)类型、型号、牌号、性能、使用和保管;

(5) 焊接设备、工具和测量仪表的种类、名称、使用和维护;

(6) 常用焊接方法的特点、焊接工艺参数、焊接顺序、操作方法及其焊接质量的影响因素;

(7) 焊缝形式、接头形式、坡口形式、焊缝符号与图样识别;

(8) 焊接缺陷的产生原因、危害、预防方法和返修;

(9) 焊缝外观检验方法和要求,无损检测方法的特点、适用范围;

(10) 焊接应力和变形的产生原因和防止方法;

(11) 焊接质量管理体系、规章制度、工艺纪律基本要求;

(12) 焊接作业指导书、焊接工艺评定;

(13) 焊接安全和规定;

(14) 法规、安全技术规范有关焊接作业人员考核和管理规定。

A4 焊接操作技能考试

A4.1 焊接操作技能的要素

(1) 焊接方法;

(2) 焊接方法的机动化程度;

(3) 金属材料类别;

(4) 填充金属类别;

(5) 试件位置;

(6) 衬垫;

(7) 焊缝金属厚度;

(8) 管材外径;

(9) 焊接工艺因素。

A4.2 焊接操作技能考试要素的分类及代号

A4.2.1 焊接方法

焊接方法及其代号见表 A-1,每种焊接方法都可以表现为手工焊、机动焊、自动焊等操作方式。

表 A-1 焊接方法及其代号

焊接方法	代 号
焊条电弧焊	SMAW
气 焊	OFW
钨极气体保护焊	GTAW
熔化极气体保护电弧焊	GMAW(含药芯焊丝电弧焊 FCAW)
埋弧焊	SAW
电渣焊	ESW
等离子弧焊	PAW
气电立焊	EGW
摩擦焊	FRW
螺柱电弧焊	SW

A4.2.2 金属材料类别

金属材料类别及示例见表 A-2。

表 A-2 金属材料类别及示例

种类	类别	代号	型号、牌号、级别					
钢	低碳钢	Fe I	Q195 Q215 Q235 Q245R Q275R	10 15 20 25 20G	HP245 HP265	L175 L210 WCA	S205	
钢	低合金钢	Fe II	HP295 HP325 HP345 HP365 Q295 Q345 Q390	L245 L290 L320 L360 L415 L450 L485 L555 S240 S290 S315 S360 S385 S415 S450 S480	Q345R 16Mn 15MnV 20MnMo 10MoWVNb 13MnNiMoR 20MnMoNb 07MnCrMoVR 12MnNiVR 20MnG 10MnDG	15MoG 20MoG 12CrMo 12CrMoG 15CrMo 15CrMoR 15CrMoG 14Cr1Mo 14Cr1MoR 12Cr1MoV 12Cr1MoVG 12Cr2Mo 12Cr2Mo1 12Cr2Mo1R 12Cr2MoG 12CrMoWVTiB 12Cr3MoVSiTiB	09MnD 09MnNiD 09MnNiDR 16MnD 16MnDR 16MnDG 15MnNiDR 15MnNiNbDR 20MnMoD 07MnNiMoVDR 08MnNiCrMoVD 10Ni3MoVD 06Ni3MoDG ZG230-450 ZG20CrMo ZG15Cr1Mo1V ZG12Cr2Mo1G	
钢	Cr≥5%铬钼钢、铁素体钢、马氏体钢	Fe III	1Cr5Mo 10Cr9MoVNb	06Cr13 00Cr27Mo	12Cr13 06Cr13Al	10Cr17 ZG16Cr5MoG	1Cr9Mo1	
钢	奥氏体钢、奥氏体与铁素体双相钢	Fe IV	06Cr19Ni10 06Cr19Ni11Ti 022Cr19Ni10 CF3 CF8	06Cr17Ni12Mo2 06Cr17Ni12Mo2Ti 06Cr19Ni13Mo3 022Cr17Ni12Mo2 022Cr19Ni13Mo3 022Cr19Ni5Mo3Si2N	06Cr23Ni13 06Cr25Ni20 12Cr18Ni9			
铜及铜合金	纯铜	Cu I	T2、TU1、TU2、TP1、TP2					
铜及铜合金	铜锌合金、铜锌锡合金	Cu II	H62、HA177-2、HSn70-1、HSn62-1					
铜及铜合金	铜硅合金	Cu III	QSi3-1					
铜及铜合金	铜镍合金	Cu IV	B19、BFe10-1-1、BFe30-1-1					
铜及铜合金	铸造铜铝合金	Cu V	ZCuAl10Fe3					
镍及镍合金	纯镍	Ni I	N5、N6、N7					
镍及镍合金	镍铜合金	Ni II	NCu30					
镍及镍合金	镍铬铁合金、镍铬钼合金	Ni III	NS312、NS315、NS334、NS335、NS336					
镍及镍合金	镍钼铁合金	Ni IV	NS321、NS322					
镍及镍合金	镍铁铬合金	Ni V	NS111、NS112、NS142、NS143					

种类	类别	代号	型号、牌号、级别
铝及铝合金	纯铝、铝锰合金	Al Ⅰ	1A85、1060、1050A、1200、3003
	铝镁合金（Mg≤4%）	Al Ⅱ	3004、5052、5A03、5454
	铝镁硅合金	Al Ⅲ	6061、6063、6A02
	铝镁合金（Mg>4%）	Al V	5A05、5083、5086
钛及钛合金	低强纯钛、钛钯合金	Ti Ⅰ	TA0、TA1、TA9、TA1-A、ZTi1
	高强纯钛、钛钼镍合金	Ti Ⅱ	TA2、TA3、TA10、ZTi2

A4.2.3 填充金属类别

填充金属类别、示例及适用范围见表 A-3。

表 A-3 填充金属类别、示例及适用范围

填充金属 种类	填充金属 类别	试件用填充金属类别代号	相应型号、牌号	适用于焊件填充金属类别范围	相应标准
钢	碳钢焊条、低合金钢焊条、马氏体钢焊条、铁素体钢焊条	FeF1（钛钙型）	E××03	FeF1	JB/T 4747.2［GB/T 5117、GB/T 5118、GB/T 983（奥氏体与铁素体双相钢焊条除外）］
		FeF2（纤维素型）	E××10、E××11 E××10-×、E××11-×	FeF1 FeF2	
		FeF3（钛型、钛钙型）	E×××(×)-16、E×××(×)-17	FeF1 FeF3	
		FeF3J（低氢型、碱性）	E××15、E××16 E××18、E××48 E××15-×、E××16-× E××18-×、E××48-× E×××(×)-15、E×××(×)-16 E×××(×)-17	FeF1 FeF3 FeF3J	
	奥氏体钢焊条、奥氏体与铁素体双相钢焊条	FeF4（钛型、钛钙型）	E×××(×)-16、E×××(×)-17	FeF4	JB/T 4747.2［GB/T 983（奥氏体、奥氏体与铁素体双相钢焊条）］
		FeF4J（碱性）	E×××(×)-15、E×××(×)-16 E×××(×)-17	FeF4 FeF4J	
	全部钢焊丝	FeFS	全部实心焊丝和药芯焊丝	FeFS	JB/T 4747.3
铜及铜合金	纯铜焊条	CuF1	ECu	CuF1	GB/T 3670
	铜硅合金焊条	CuF2	ECuSi-A、ECuSi-B	CuF2	GB/T 3670
	铜锡合金焊条	CuF3	ECuSn-A、ECuSn-B	CuF3	GB/T 3670
	铜镍合金焊条	CuF4	ECuNi-A、ECuNi-B	CuF4 NiF×	GB/T 3670 GB/T 13814
	铜铝合金焊条	CuF6	ECuAl-A2、ECuAl-B、ECuAl-C	CuF6	GB/T 3670
	铜镍铝合金焊条	CuF7	ECuAlNi、ECuMnAlNi	CuF7	GB/T 3670
	纯铜焊丝	CuFS1	HSCu	CuFS1	GB/T 9460
	铜硅合金焊丝	CuFS2	HSCuSi	CuFS2	GB/T 9460

填充金属		试件用填充金属类别代号	相应型号、牌号	适用于焊件填充金属类别范围	相应标准
种类	类别				
铜及铜合金	铜锡合金焊丝	CuFS3	HSCuSn	CuFS3	GB/T 9460
	铜镍合金焊丝	CuFS4	HSCuNi	CuFS4 NiFFS×	GB/T 9460 GB/T 15620
	铜铝合金焊丝	CuFS6	HSCuAl	CuFS6	GB/T 9460
	铜镍铝合金焊丝	CuFS7	HSCuAlNi	CuFS7	GB/T 9460
镍及镍合金	纯镍焊条	NiF1	ENi-1	NiF1 NiF2 NiF3 NiF4 NiF5 CuF4	GB/T 13814
	镍铜合金焊条	NiF2	ENiCu-7		
	镍基类 镍铬铁合金焊条 镍铬钼合金焊条	NiF3	ENiCrFe-1、ENiCrFe-2 ENiCrFe-3、ENiCrFe-4 ENiCrMo-2、ENiCrMo-3 ENiCrMo-4、ENiCrMo-5 ENiCrMo-6、ENiCrMo-7		
	镍钼合金焊条	NiF4	ENiMo-1、ENiMo-3 ENiMo-7		
	铁镍基 镍铬钼合金焊条	NiF5	ENiCrMo-1、ENiCrMo-9		
	纯镍焊丝	NiFS1	ERNi-1	NiFS1 NiFS2 NiFS3 NiFS4 NiFS5 CuFS4	GB/T 15620
	镍铜合金焊丝	NiFS2	ERNiCu-7		
	镍基类 镍铬铁合金焊丝 镍铬钼合金焊丝	NiFS3	ERNiCr-3 ERNiCrFe-5、ERNiCrFe-6 ERNiCrMo-2、ERNiCrMo-3 ERNiCrMo-4、ERNiCrMo-7		
	镍钼合金焊丝	NiFS4	ERNiMo-1、ERNiMo-2 ERNiMo-3、ERNiMo-7		
	铁镍基类 镍铬钼合金焊丝 镍铬铁合金焊丝	NiFS5	ERNiCrMo-1、ERNiCrMo-8 ERNiCrMo-9、ERNiFeCr-1		
铝及铝合金	纯铝焊丝	AlFS1	ER1100、ER1188	AlFS1 AlFS2 AlFS3	JB/T 4747.6
	铝镁合金焊丝	AlFS2	ER5183、ER5356、ER5554、ER5556、ER5654		
	铝硅合金焊丝	AlFS3	ER4145、ER4047、ER4043		
钛及钛合金	纯钛焊丝	TiFS1	ERTi-1、ERTi-2、ERTi-3、ERTi-4	TiFS1 TiFS2 TiFS4	JB/T 4747.7
	钛钯合金焊丝	TiFS2	ERTi-7		
	钛钼镍合金焊丝	TiFS4	ERTi-12		

A4.2.4 试件位置

焊缝位置基本上由试件位置决定，试件类别、位置及其代号见表 A-4、图 A-1、图 A-2。

表 A-4 试件类别、位置及代号

试件类别	试件位置		代号
板材对接焊缝试件	平焊试件		1G
	横焊试件		2G
	立焊试件		3G
	仰焊试件		4G
管材对接焊缝试件	水平转动试件		1G(转动)
	垂直固定试件		2G
	水平固定试件	向上焊	5G
		向下焊	5GX(向下焊)
	45°固定试件	向上焊	6G
		向下焊	6GX(向下焊)
管板角接头试件	水平转动试件		2FRG
	垂直固定平焊试件		2FG
	垂直固定仰焊试件		4FG
	水平固定试件		5FG
	45°固定试件		6FG
板材角焊缝试件	平焊试件		1F
	横焊试件		2F
	立焊试件		3F
	仰焊试件		4F
管材角焊缝试件(分管-板角焊缝试件和管-管角焊缝试件两种)	45°转动试件		1F(转动)
	垂直固定横焊试件		2F
	水平转动试件		2FR
	垂直固定仰焊试件		4F
	水平固定试件		5F
螺柱焊试件	平焊试件		1S
	横焊试件		2S
	仰焊试件		4S

A4.2.5 衬垫

板材对接焊缝试件、管材对接焊缝试件和管板角接头试件，都分为带衬垫和不带衬垫两种。试件和焊件的双面焊、角焊缝，焊件不要求焊透的对接焊缝和管板角接头，均视为带衬垫。

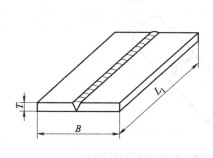 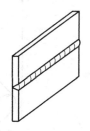 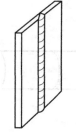 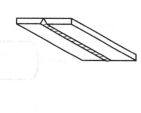

(a) 平焊试件 代号 1G　　(b) 横焊试件 代号 2G　　(c) 立焊试件 代号 3G　　(d) 仰焊试件 代号 4G

(1) 板材对接焊缝试件（无坡口时为堆焊试件）

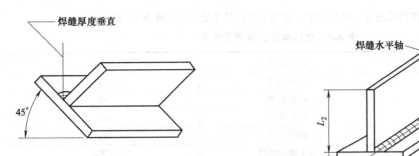

(a) 平焊试件 代号1F

(b) 横焊试件 代号2F

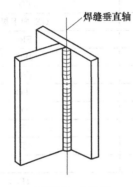

(c) 立焊试件 代号3F

(d) 仰焊试件 代号4F

（2）板材角焊缝试件

(a) 水平转动试件 代号1G(转动)

(b) 垂直固定试件 代号2G

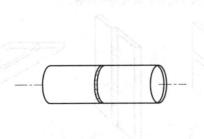

(c) 水平固定试件 代号5G 5GX(向下焊)

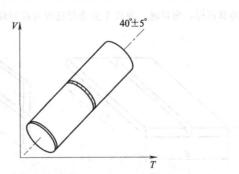

(d) 45°固定试件 代号6G、6GX(向下焊)

（3）管材对接焊缝试件（无坡口时为堆焊试件）

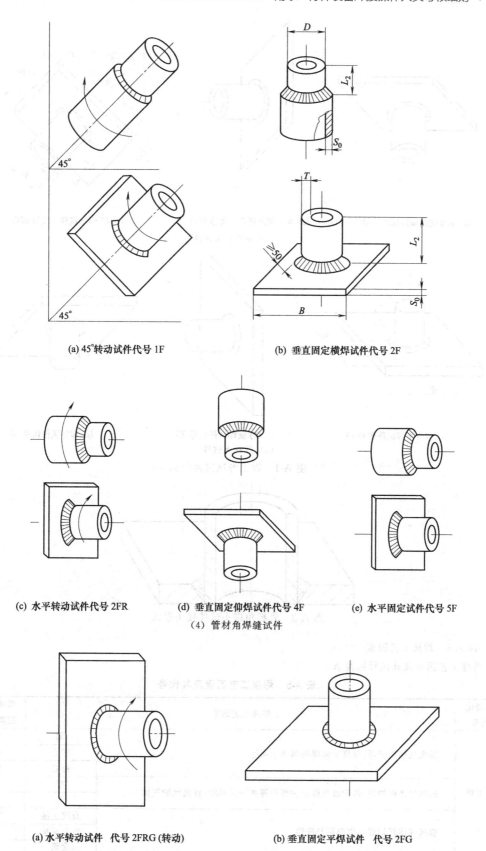

(a) 45°转动试件代号 1F

(b) 垂直固定横焊试件代号 2F

(c) 水平转动试件代号 2FR

(d) 垂直固定仰焊试件代号 4F

（4）管材角焊缝试件

(e) 水平固定试件代号 5F

(a) 水平转动试件　代号 2FRG(转动)

(b) 垂直固定平焊试件　代号 2FG

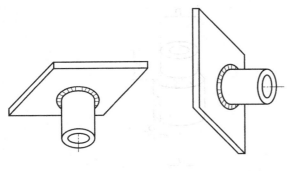

(c) 垂直固定仰焊试件　代号 4FG　　(d) 水平固定试件　代号 5FG　　(e) 45°固定试件　代号 6FG

（5）管板角接头试件

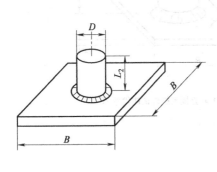

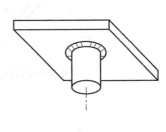

(a) 平焊试件代号 1S　　　　(b) 横焊试件代号 2S　　　　(c) 仰焊试件代号 4S

（6）螺柱焊试件

图 A-1　焊工考试试件类别

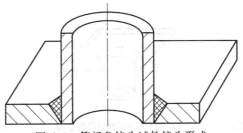

图 A-2　管板角接头试件接头形式

A4.2.6　焊接工艺因素

焊接工艺因素及其代号见表 A-5。

表 A-5　焊接工艺因素及其代号

机动化程度	焊接工艺因素		焊接工艺因素代号
手工焊	钨极气体保护焊、等离子弧焊用填充金属丝	无	01
		实心	02
		药芯	03
	钨极气体保护焊、熔化极气体保护焊和等离子弧焊时，背面保护气体	有	10
		无	11
	钨极气体保护焊电流类别与极性	直流正接	12
		直流反接	13
		交流	14

续表

机动化程度	焊接工艺因素		焊接工艺因素代号
手工焊	熔化极气体保护焊	喷射弧、熔滴弧、脉冲弧	15
		短路弧	16
机动焊	钨极气体保护焊自动稳压系统	有	04
		无	05
	钨极气体保护焊	目视观察、控制	19
		遥控	20
	各种焊接方法自动跟踪系统	有	06
		无	07
	各种焊接方法每面坡口内焊道	单道	08
		多道	09
自动焊	摩擦焊	连续驱动摩擦	21
		惯性驱动摩擦	22

A4.3 焊接操作技能考试规定

A4.3.1 焊接方法

变更焊接方法,焊工需要重新进行焊接操作技能考试。

A4.3.2 焊接方法的机动化程度

在同一种焊接方法中,当发生下列情况时,焊工需重新进行焊接操作技能考试:

(1) 手工焊焊工变更为焊机操作工,或者焊机操作工变更为手工焊焊工;

(2) 自动焊焊工变更为机动焊焊工。

A4.3.3 金属材料的类别

A4.3.3.1 钢

(1) 焊工采用某类别任一钢号,经过焊接操作技能考试合格后,当发生下列情况时,不需重新进行焊接操作技能考试:

① 手工焊焊工焊接该类别其他钢号;

② 手工焊焊工焊接该类别钢号与类别号较低钢号所组成的异种钢号焊接接头;

③ 除 $Fe\,IV$ 类外,手工焊焊工焊接较低类别钢号;

④ 焊机操作工焊接各类别中的钢号。

(2) 焊工采用异类别钢号组成的管板角接头(或者管材角焊缝)试件,经焊接操作技能考试合格后,视为该焊工已通过试件中较高类别钢的焊接操作技能考试,当焊接钢制管板角接头(或管材角焊缝)焊件时,可执行(1)中①、②、③的规定。

A4.3.3.2 铜及铜合金

焊工采用铜及铜合金中某类别任一牌号材料,经焊接操作技能考试合格后,手工焊焊工焊接该类别其他牌号材料时,不需重新进行焊接操作技能考试;焊机操作工焊接各类别中的其他牌号材料时,不需重新进行焊接操作技能考试。

A4.3.3.3 镍及镍合金

焊工采用镍及镍合金中某类别任一牌号材料,经焊接操作技能考试合格后,焊接各类别中的其他牌号材料时,不需重新进行焊接操作技能考试。

焊工进行焊接操作技能考试时,试件母材可以用奥氏体不锈钢代替。

A4.3.3.4 铝及铝合金、钛及钛合金

焊工采用铝及铝合金、钛及钛合金中某类别任一牌号材料,经焊接操作技能考试合格后,焊接各类别

中的其他牌号材料时，不需重新进行焊接操作技能考试。

A4.3.4　填充金属的类别

A4.3.4.1　手工焊焊工采用某类别填充金属材料，经焊接操作技能考试合格后，适用于焊件相应种类的填充金属材料类别范围，按表 A-3 的规定。

A4.3.4.2　焊机操作工采用某类别填充金属材料，经焊接操作技能考试合格后，适用于焊件相应种类的各类别填充金属材料。

A4.3.4.3　焊工采用下列焊接材料，经焊接操作技能考试合格后，适用于焊件相应焊接材料不限制。

（1）某型号焊剂；

（2）某种类保护气体；

（3）某种类钨极。

A4.3.5　试件位置

A4.3.5.1　手工焊焊工和焊机操作工，采用对接焊缝试件、角焊缝试件和管板角接头试件，经过焊接操作技能考试合格后，适用于焊件的焊缝和焊件位置见表 A-6。

A4.3.5.2　管材角焊缝试件焊接操作技能考试时，可在管-板角焊缝试件与管-管角焊缝试件中任选一种。

A4.3.5.3　手工焊焊工向下立焊试件考试合格后，不能免考向上立焊，反之也不可。

A4.3.5.4　焊机操作工采用螺柱焊试件，经过仰焊位置考试合格后，适用于任何位置的螺柱焊焊件；其他位置考试合格后，只适用于相应位置的焊件（图 A-3）。

表 A-6　试件适用焊件焊缝和焊件位置

试件		适用焊件范围			
		对接焊缝位置		角焊缝位置	管板角接头焊件位置
类别	代号	板材和外径大于600mm 的管材	外径小于或等于600mm 的管材		
板材对接焊缝试件	1G	平	平②	平	—
	2G	平、横	平、横②	平、横	—
	3G	平、立①	平②	平、横、立	—
	4G	平、仰	平②	平、横、仰	—
管材对接焊缝试件	1G	平	平	平	
	2G	平、横	平、横	平、横	
	5G	平、立、仰	平、立、仰	平、立、仰	
	5GX	平、立向下、仰	平、立向下、仰	平、立向下、仰	
	6G	平、横、立、仰	平、横、立、仰	平、横、立、仰	
	6GX	平、立向下、横、仰	平、立向下、横、仰	平、立向下、横、仰	
管板角接头试件	2FG	—	—	平、横	2FG
	2FRG	—	—	平、横	2FRG，2FG
	4FG	—	—	平、横、仰	4FG，2FG
	5FG	—	—	平、横、立、仰	5FG，2FRG，2FG
	6FG	—	—	平、横、立、仰	所有位置
板材角焊缝试件	1F	—	—	平③	—
	2F	—	—	平、横③	—
	3F	—	—	平、横、立③	—
	4F	—	—	平、横、仰③	—

续表

试件		适用焊件范围			
		对接焊缝位置		角焊缝位置	管板角接头焊件位置
类别	代号	板材和外径大于600mm的管材	外径小于或等于600mm的管材		
管材角焊缝试件	1F	—	—	平	—
	2F	—	—	平、横	—
	2FR	—	—	平、横	—
	4F	—	—	平、横、仰	—
	5F	—	—	平、立、横、仰	—

① 表中"立"表示向上立焊;向下立焊表示为"立向下"焊。
② 板材对接焊缝试件考试合格后,适用于管材对接焊缝焊件时,管外径应大于或等于76mm。
③ 板材角焊缝试件考试合格后,适用于管材角焊缝焊件时,管外径应大于或等于76mm。

A4.3.6 衬垫

A4.3.6.1 手工焊焊工和焊机操作工采用不带衬垫对接焊缝试件和管板角接头试件,经焊接操作技能考试合格后,分别适用于带衬垫对接焊缝焊件和管板角接头焊件,反之不适用。

A4.3.6.2 气焊焊工采用带衬垫对接焊缝试件,经焊接操作技能考试合格后,适用于不带衬垫对接焊缝焊件,反之不适用。

A4.3.7 焊缝金属厚度

A4.3.7.1 手工焊焊工采用对接焊缝试件,经焊接操作技能考试合格后,适用于焊件焊缝金属厚度范围见表 A-7 [t 为每名焊工、每种焊接方法在试件上的对接焊缝金属厚度(余高不计)],当某焊工用一种焊接方法考试且试件截面全焊透时,t 与试件母材厚度 T 相等(t 不得小于12mm,且焊缝不得少于3层)。

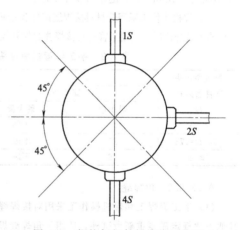

图 A-3 螺柱焊焊件焊接位置范围

A4.3.7.2 焊机操作工采用对接焊缝试件或管板角接头试件考试时,母材厚度 T 与 S_0 由焊工考试机构自定,经焊接操作技能考试合格后,适用于焊件焊缝金属厚度不限。

A4.3.7.3 气焊焊工焊接操作技能考试合格后,适用于焊件母材厚度及焊缝金属厚度不大于试件母材和焊缝金属厚度。

A4.3.7.4 手工焊焊工采用半自动熔化极气体保护焊,短路弧焊接对接焊缝试件,焊缝金属厚度 $t<$ 12mm,经焊接操作技能考试合格后,适用于焊件焊缝金属厚度为小于或等于 $1.1t$。

表 A-7 手工焊对接焊缝试件适用于对接焊缝焊件焊缝金属厚度范围　　　mm

焊缝形式	试件母材厚度 T	适用于焊件焊缝金属厚度	
		最小值	最大值
对接焊缝	<12	不限	$2t$
	≥ 12	不限	不限

A4.3.8 管材外径

A4.3.8.1 对接焊缝和管板角接头。

（1）手工焊焊工采用管材对接焊缝试件，经焊接操作技能考试合格后，适用于管材对接焊缝焊件外径范围见表 A-8，适用于焊缝金属厚度范围见表 A-7。

表 A-8　手工焊管材对接焊缝试件适用于对接焊缝焊件外径范围　　　　　mm

管材试件外径 D	适用于管材焊件外径范围	
	最小值	最大值
<25	D	不限
$25 \leqslant D < 76$	25	不限
$\geqslant 76$	76	不限
$\geqslant 300^{①}$	76	不限

① 管材向下焊试件。

（2）手工焊焊工采用管板角接头试件，经焊接操作技能考试合格后，适用于管板角接头焊件尺寸范围见表 A-9；当某焊工用一种焊接方法考试且试件截面全焊透时，t 与试件板材厚度 S_0 相等；当 $S_0 \geqslant 12$ 时，t 应不小于 12mm，且焊缝不得少于 3 层。

（3）焊机操作工采用管材对接焊缝试件和管板角接头试件考试时，管外径由焊工考试机构自定，经焊接操作技能考试合格后，适用于管材对接焊缝焊件外径和管板角接头焊件管外径不限。

表 A-9　手工焊管板角接头试件适用于管板角接头焊件尺寸范围　　　　　mm

管板角接头试件管外径 D	适用焊件范围				
	管外径		管壁厚度	焊件焊缝金属厚度	
	最小值	最大值		最小值	最大值
<25	D	不限	不限	不限	当 $S_0 < 12$ 时，$2t$；当 $S_0 \geqslant 12$ 时不限
$25 \leqslant D < 76$	25	不限	不限		
$\geqslant 76$	76	不限	不限		

A4.3.8.2　角焊缝

（1）手工焊焊工和焊机操作工采用对接焊缝试件和管板角接头试件，经焊接操作技能考试合格后，除其他条款规定需要重新考试外，适用于角焊缝焊件，且母材厚度和管径不限。

（2）手工焊焊工和焊机操作工采用管材角焊缝试件，经焊接操作技能考试合格后，除其他条款规定需要重新考试外，手工焊焊工适用于管材角焊缝焊件尺寸范围见表 A-10，焊机操作工不限。

（3）手工焊焊工和焊机操作工采用板材角焊缝试件，经焊接操作技能考试合格后，除其他条款规定需要重新考试外，手工焊焊工适用于角焊缝焊件范围见表 A-11，焊机操作工不限。

表 A-10　手工焊管材角焊缝试件适用于角焊缝焊件尺寸范围　　　　　mm

管材试件外径 D	适用于管材焊件尺寸范围		
	外径最小值	外径最大值	管壁厚度
<25	D	不限	不限
$25 \leqslant D < 76$	25	不限	不限
$\geqslant 76$	76	不限	不限

表 A-11　手工焊焊工板材角焊缝试件适用于角焊缝焊件范围　　　　　mm

试件类别	试件母材厚度 T	适用于角焊缝焊件范围		
		母材厚度	焊件类别	焊脚
板材角焊缝	$5\sim10$	不限	板材角焊缝	不限
	<5	$T\sim2T$	外径 $\geqslant76$ 管材角焊缝	$\leqslant T$

A4.3.9　焊接工艺要素

当表 A-5 中焊接工艺要素代号 01、02、03、04、06、08、10、12、13、14、15、16、19、20、21、22

中某一代号要素变更时，焊工需重新进行焊接操作技能考试。

A4.3.10 耐蚀堆焊

（1）各种焊接方法的焊接操作技能考试规定也适用于耐蚀堆焊。

（2）手工焊焊工和焊机操作工采用堆焊试件考试合格后，适用于焊件的堆焊层厚度不限，适用焊件母材厚度范围见表 A-12。

（3）焊接不锈钢复合钢的复层之间焊缝及过渡焊缝的焊工，应当取得耐蚀堆焊资格。

表 A-12 堆焊试件适用焊件母材厚度范围 mm

堆焊试件母材厚度 T	适用于堆焊焊件母材厚度范围	
	最小值	最大值
<25	T	不限
$\geqslant25$	25	不限

A4.4 焊接操作技能考试方法

A4.4.1 单独考试与组合考试

焊接操作技能考试可以由一名焊工在同一试件上采用一种焊接方法进行，也可以由一名焊工在同一试件上采用不同焊接方法进行组合考试，或者由 2 名以上（含 2 名）焊工在同一试件上采用相同焊接方法或者不同焊接方法进行组合考试，但是由 3 名以上（含 3 名）焊工的组合考试，试件厚度不得小于 20mm。

A4.4.2 试件

A4.4.2.1 考试试件的尺寸和数量。

考试试件的尺寸和数量见表 A-13。

表 A-13 考试试件的尺寸和数量

试件类别	试件形式		试件尺寸/mm						试件数量/个
			L_1	L_2	B	T	D	S_0	
对接焊缝试件	板	手工焊	$\geqslant300$	—	$\geqslant200$	自定	—	—	1
		机动焊、自动焊	$\geqslant400$	—	$\geqslant240$		—	—	
	管	手工焊、机动焊、自动焊	$\geqslant200$	—	—	自定	<25	—	3
							$25\leqslant D<76$	—	3
							$\geqslant76$	—	1
		手工向下焊	$\geqslant200$	—	—	自定	$\geqslant300$	—	1
角焊缝试件	板	手工焊	$\geqslant300$	$\geqslant75$	$\geqslant100$	—	—	$\geqslant T$	1
		机动焊、自动焊	$\geqslant400$	$\geqslant75$	$\geqslant100$	$\leqslant10$	—	$\geqslant T$	1
	管与板（管）	手工焊	—	$\geqslant75$	$\geqslant D+100$	自定	<76	—	2
		机动焊、自动焊	—	$\geqslant5$			$\geqslant76$	$\geqslant T$	
管板角接头试件	管与板	手工焊	—	$\geqslant75$	$\geqslant D+100$	自定	<76	—	2
		机动焊、自动焊	—	$\geqslant5$			$\geqslant76$	$\geqslant T$	1
堆焊试件	板		$\geqslant250$	—	$\geqslant150$	<25 或 $\geqslant25$	—	—	1[①]
	管		$\geqslant200$	—	—		—	—	
螺柱焊试件	板与柱		—	$(8\sim10)D$	$\geqslant50$	—	—	—	5

① 管材堆焊试件最少数量应当满足取样要求。

A4.4.2.2 试件加工。

试件坡口形式及尺寸应当按焊工考试用焊接作业指导书制备。

A4.4.2.3 摩擦焊试件。

摩擦焊试件形式应与任一通过焊接工艺评定的试件或焊件相同。

A4.4.3 施焊要求

(1) 焊接操作技能考试前，由考试机构负责编制焊工考试编号，并且在监考人员与焊工共同确认的情况下，在试件上标注焊工考试编号和考试项目代号。

(2) 焊工应当按考试机构提供的焊接作业指导书焊接考试试件。

(3) 考试用试件的坡口表面及两侧必须清除干净，焊条和焊剂必须按规定要求烘干，焊丝必须去除油、锈。

(4) 手工焊焊工的所有考试试件，第一层焊缝长度中部附近至少有一个停弧再焊接头，焊机操作工考试时，中间不得停弧。

(5) 采用不带衬垫试件进行焊接操作技能考试时，必须从单面焊接。

(6) 焊机操作工考试时，允许加引弧板和引出板。

(7) 表 A-2 中 FeⅠ类钢材的试件，除管材角焊缝、对接焊缝试件和管板角接头试件的第一道焊缝在换焊条时允许修磨接头部位外，其他焊道不允许修磨和返修，其他材料（使用镍质焊条除外）除第一层和中间层焊道在换焊条时允许修磨接头部位外，其他焊道不允许修磨和返修。

(8) 焊接操作技能考试时，试件的焊接位置不得改变。管材对接焊缝和管板角接头 45°固定试件，管轴线与水平面的夹角应为 45°±5°，见图 A-1。

(9) 水平固定试件和 45°固定试件，应当在试件上标注焊接位置的钟点标记，定位焊缝不得在"6 点"标记处，焊工在进行管材向下焊试件操作技能考试时，严格按照钟点标记固定试件位置，且只能从"12点"标记处起弧，"6 点"标记处收弧，其他操作应当符合本条相关要求。

(10) 手工焊焊工考试板材试件厚度大于 10mm 时，不允许用焊接卡具或者其他办法将板材试件刚性固定，但是允许试件在定位时预留反变形量，厚度小于或者等于 10mm 的板材试件允许刚性固定。

(11) 对接焊缝试件、角焊缝试件和管板角接头试件，均要求全焊透。

(12) 堆焊试件焊道熔敷金属宽度应当大于 12mm，首层至少堆焊三条并列焊道，总宽度大于或等于 38mm。

(13) 螺柱焊焊接操作考试时，应采用机动焊或自动焊焊接（手工引弧除外）。

(14) 试件数量应当符合表 A-13 要求，且不得多焊试件从中挑选。

A5 结果评定

A5.1 综合评定

(1) 焊工基本知识考试满分为 100 分，不低于 60 分为合格。

(2) 焊工焊接操作技能考试通过检验试件进行评定，各试件按本章规定的检验内容逐项进行，每个试件的各项检验要求均合格时，该考试项目为合格。

由 2 名以上（含 2 名）焊工进行的组合考试，应当分别检验与记录，如某项不合格，在能够确认该项施焊焊工时，则该焊工考试不合格；如不能确认该项施焊焊工的，则参与该组合考试的焊工均不合格；其他组合考试，有任一项不合格，则组合考试项目不合格。

A5.2 试件检验

A5.2.1 试件的检验内容、数量和试样数量

试件的检验内容、检验数量和试样数量见表 A-14，每个试件应当先进行外观检查，合格后再进行其他内容检验。

表 A-14 试件检验内容、检验数量和试样数量

试件类别	试件形式	试件厚度或管径/mm		检验内容					
		厚度	管外径	外观检查（件）	射线透照（件）	弯曲试验/个			金相检验（宏观）/个
						面弯	背弯	侧弯①	
对接焊缝试件	板	<12	—	1	1	1	1	—	—
	板	≥12	—	1	1	—	—	2	—
	管②	—	<76	3	3	1	1	—	—
	管②	—	≥76	1	1	1	1	—	—
	管材向下焊	<12	≥300	1	1	—	—	—	—
		≥12		1	1	—	—	2	—
管板角接头试件	管与板	—	<76	2	—	—	—	—	任一试件取4个检查面
			≥76	1	—	—	—	—	4
角焊缝试件	板	≤10	—	1	—	—	—	—	4
	管与板（管）	任意厚度	<76	2	—	—	—	—	任一试件取4个检查面
			≥76	1	—	—	—	—	4
耐蚀堆焊试件	板或管	—	—	1	1（渗透）	—	—	2	—
螺柱焊试件	板与柱	—	—	5	—	—	—	5（折弯）	—

① 当试件厚度大于或者等于 10mm 时，可以用 2 个侧弯试样代替面弯与背弯试样。

② 管子摩擦焊按对接焊缝试件对待。

A5.2.2 外观检查

A5.2.2.1 检查方法。

(1) 采用目视或者 5 倍放大镜进行。

(2) 手工焊的板材试件两端 20mm 内的缺陷不计。

(3) 焊缝的余高和宽度可用焊缝检验尺测量最大值和最小值，不取平均值。

(4) 单面焊的背面焊缝宽度可不测定。

A5.2.2.2 检查基本要求。

(1) 焊缝表面应当是焊后原始状态，焊缝表面没有加工修磨或者返修焊。

(2) 属于一个考试项目的所有试件外观检查的结果均符合各项要求，该项试件的外观检查为合格，否则为不合格。

A5.2.2.3 检查内容及评定指标。

(1) 焊缝表面。

① 各种焊缝表面不得有裂纹、未熔合、夹渣、夹钨、气孔、焊瘤和未焊透，机动焊和自动焊的焊缝表面不得有咬边和凹坑。

② 手工焊焊缝表面的咬边和背面凹坑不得超过表 A-15 的规定，镍和镍合金、钛和钛合金其焊缝表面不得有咬边。

③ 堆焊两相邻焊道之间的凹下量不得大于 1mm，焊道间搭接接头的不平度在试件范围内不得超过 1.5mm。

④ 钛材焊缝和热影响区的表面颜色检查，银白色、金黄色（致密）为合格，蓝色、紫色、灰色、暗灰色及黄色粉状物均为不合格。

表 A-15　试件焊缝表面缺陷规定

缺陷名称	允许的最大尺寸
咬边	深度≤0.5mm，焊缝两侧咬边总长度不得超过焊缝长度的 10%
背面凹坑	① 当 $T≤5$mm 时，深度不大于 25% T，且不大于 1mm ② 当 $T>5$mm 时，深度不大于 20% T，且不大于 2mm ③ 除仰焊位置的板材试件不作规定外，总长度不超过焊缝长度的 10%

（2）焊缝外形尺寸。

焊缝外形尺寸应当符合表 A-16（除电渣焊、摩擦焊、螺柱焊外，厚度大于或等于 20mm 的埋弧焊试件，余高可为 0～4mm）和以下规定：

① 焊缝边缘直线度 F，手工焊 $F≤2$mm，机动焊与自动焊 $F≤3$mm。

② 角焊缝试件、管板角接头试件的角焊缝中，焊缝的凹度或凸度不大于 1.5mm。

③ 角焊缝试件的焊脚为（0.5～1）T，两焊脚之差小于或者等于 3mm；管板角接头试件中管侧焊脚为（0.5～1）T。

④ 不带衬垫的板材对接焊缝试件、不带衬垫的管板角接头试件和外径不小于 76mm 的管材对接焊缝试件，背面焊缝的余高不大于 3mm。

表 A-16　试件焊缝外形尺寸　　　　　　　　　　　　　　　　　mm

焊接方法、机动化程度	焊缝余高		焊缝余高差		焊缝宽度		焊道高度差	
	平焊	其他位置	平焊	其他位置	比坡口每侧增宽	宽度差	平焊	其他位置
手工焊	0～3	0～4	≤2	≤3	0.5～2.5	≤3	—	—
机动焊和自动焊	0～3	0～3	≤2	≤2	2～4	≤2	—	—
堆焊	—	—	—	—	—	—	≤1.5	≤1.5

（3）试件外形尺寸。

板材对接焊缝试件焊后变形角度 $θ$ 小于或等于 3°（有色金属试件焊后变形角度小于或等于 10°），试件错边量 e 不得大于 10% T，且小于或等于 2mm，见图 A-4。

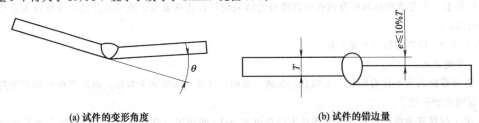

(a) 试件的变形角度　　　　　　　　　　　　　　**(b) 试件的错边量**

图 A-4　板材试件的变形角度和错边量

A5.2.3　无损检测

（1）试件的射线透照应按 JB/T 4730《承压设备无损检测》标准进行检测，每件射线透照质量不低于 AB 级，焊缝缺陷等级不低于 Ⅱ 级为合格。

（2）堆焊试件表面按 JB/T 4730《承压设备无损检测》标准采用渗透方法检测，缺陷等级不低于 Ⅰ 级为合格。

A5.2.4　弯曲试验

弯曲试验按照本条规定和 GB/T 2653《焊接接头弯曲试验方法》进行。

A5.2.4.1　取样位置。

（1）板材试件（包括堆焊试件）应当按照图 A-5 的位置截取弯曲试样。

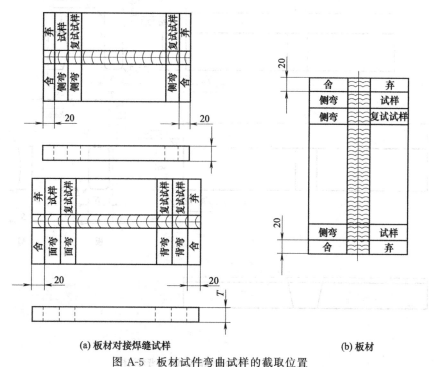

(a) 板材对接焊缝试样　　　　　　　**(b) 板材**

图 A-5　板材试件弯曲试样的截取位置

（2）管材试件（包括堆焊试件）应当按照图 A-6 的位置截取弯曲试样。

A5.2.4.2　试样形式和尺寸。

对接焊缝试件弯曲试样的形式和尺寸见图 A-7。堆焊侧弯试样尺寸参照图 A-7（b），试样宽度至少应当包括堆焊层全部、熔合线和热影响区。试样上的余高及焊缝背面的多余部分应用机械方法去除，面弯和背弯试样的拉伸面应当平齐。

（1）面弯和背弯试样。

① 表 A-17 中序号为 1 的母材类别，当 $T > 3mm$ 时，取 $S = 3mm$，从试样受压面去除多余厚度；当 $T \leqslant 3mm$ 时，S 尽量接近 T。

② 表 A-17 中序号为 1 以外的母材类别，当 $T > 10mm$ 时，取 $S = 10mm$，从试样受压面去除多余厚度；当 $T \leqslant 10mm$ 时，S 尽量接

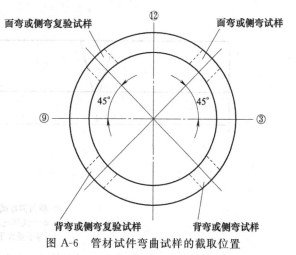

面弯或侧弯复验试样　　　　　　面弯或侧弯试样

背弯或侧弯复验试样　　　　　　背弯或侧弯试样

图 A-6　管材试件弯曲试样的截取位置

近 T。

③ 板状与外径 $D>100\text{mm}$ 管状试件，试样宽度 $B=38\text{mm}$，当管状试件外径 D 为 $50\sim100\text{mm}$ 时，则 $B=\left(S+\dfrac{D}{20}\right)\text{mm}$，且 $8\text{mm}\leqslant B\leqslant38\text{mm}$；当 $10\text{mm}\leqslant D<50\text{mm}$ 时，则 $B=\left(S+\dfrac{D}{10}\right)\text{mm}$，且最小为 8mm；对于 $D\leqslant25\text{mm}$，则将试件在圆周方向上四等分取样。

(2) 横向侧弯试样。

① 当试件厚度 T 为 10mm 至小于 38mm 时，试样宽度 b 等于或接近试件厚度；

② 当试件厚度 T 等于或者大于 38mm 时，允许沿试件厚度方向分层切成宽度为 $20\sim38\text{mm}$ 等分的两

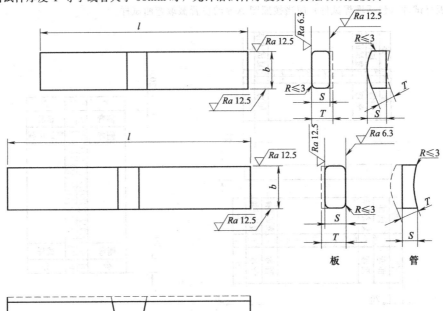

(a) 板状和管状试件的背弯试样
试样长度 $l\approx(D_0+2.5S+100)\text{mm}$；
试样拉伸面棱角 $R\leqslant3\text{mm}$

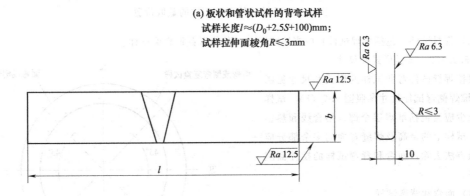

(b) 横向侧弯试样
b—试样宽度(此时为试件厚度方向)；
l 等于或大于 150mm

图 A-7 对接焊缝试件弯曲试样的形式和尺寸

片或多片试样的试验代替一个全厚度侧弯试样的试验，或者试样在全宽度下弯曲。

A5.2.4.3　试验方法和合格指标。

（1）试验方法。

① 弯曲试验按表 A-17 规定的试验方法。

② 试样的焊缝中心应对准弯心轴线。侧弯试验时，若试样表面存在缺欠，则以缺欠较严重一侧作为拉伸面。

③ 弯曲角度应以试样承受载荷时测量为准。

④ 除表 A-17 序号 1～4 所列的母材类别外，对于断后伸长率 A 标准规定值下限小于 20％的母材，若按表 A-17 序号 5 规定的弯曲试验不合格而其实测值小于 20％，则允许减薄试样厚度重新进行试验，此时试样厚度 S 等于 $\dfrac{DA}{100-A}$（A 为断后伸长率的规定值下限乘以 100）。

⑤ 横向试样弯曲试验时，焊缝金属和热影响区应完全位于试样的弯曲部分内。

（2）合格指标。

① 对接焊缝试件的弯曲试样弯曲到表 A-17 规定的角度后，其拉伸面上的焊缝和热影响区内，沿任何方向不得有单条长度大于 3mm 的开口缺陷，试样的棱角开口缺陷一般不计，但由夹渣或其他焊接缺欠引起的棱角开口缺陷长度应计入。

② 耐蚀堆焊试件弯曲试样弯曲到表 A-17 规定的角度后，在试样拉伸面上的堆焊层内不得有长度大于 1.5mm 的任一开口缺陷，在熔合线内不得有长度大于 3mm 的任一开口缺陷。

③ 试件的两个弯曲试样试验结果均合格时弯曲试验为合格；两个试样均不合格时，不允许复验，弯曲试验为不合格；若其中一个试样不合格，允许从原试件上另取一个试样进行复验，复验合格，弯曲试验为合格。

表 A-17　弯曲试验参数

序号	焊缝两侧的母材类别	试样厚度 S /mm	弯心直径 D_0 /mm	支承辊之间距离 /mm	弯曲角度 /(°)
1	①AlⅢ 与 AlⅠ、AlⅡ、AlⅢ、AlⅣ 相焊 ②用 AlFS3 类焊丝焊接 AlⅠ、AlⅡ、AlⅢ、AlⅣ（各自焊接或相互焊接） ③CuⅤ ④各类铜母材用焊条 CuF3、CuF6 和 CuF7,焊丝 CuFS3、CuFS6 和 CuFS7 焊接	3	52	60	180
		＜3	16.5S	18.5S+1.5	
2	AlⅤ 与 AlⅠ、AlⅡ、AlⅤ 相焊 AlⅡ 与 AlⅠ、AlⅡ 相焊	10	64	86	
		＜10	6.6S	8.6S+3	
3	Ti-1	10	76	98	
		＜10	8S	10S+3	
4	Ti-2	10	95	118	
		＜10	10S	12S+3	
5	除以上所列类别母材外，断后伸长率标准规定值下限等于或者大于 20％的母材类别	10	38	60	
		＜10	4S	6S+3	

A5.2.5   金相检验（宏观）

A5.2.5.1   金相检验取样。

（1）管材角焊缝试件和管板角接头试件按图 A-8 规定，在 3 点、6 点、9 点和 12 点时钟位置分别剖开，沿顺时针方向制备四个金相试样，板材角焊缝试件按图 A-9 规定制备四个金相试样，它们应为同一方向。

（2）试样包含全部焊缝区、熔合区和热影响区即可。

A5.2.5.2   检验方法。

（1）将金相试样的检查面磨光，并经浸蚀，使焊缝区与热影响区界限清晰。

（2）采用目视或者 5 倍放大镜进行检验。

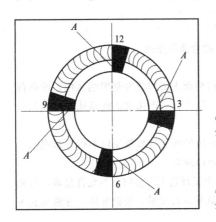

管-板角焊缝
金相试样图

管-板角接头
金相试样图

(a) 管-板角接头与管-板角焊缝试件俯视图

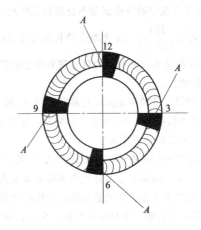

金相试样图

(b) 管-管角焊缝试件俯视图

图 A-8   管材角焊缝试件和管板角接头金相试样（宏观）的截取位置

注：A 面为金相试样检查面。

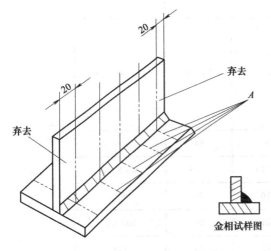

弃去

弃去

金相试样图

图 A-9   板材角焊缝试件金相试样
（宏观）截取位置

注：A 面为金相试样检查面。

验后，没有开裂为合格。

A5.2.5.3   检验内容及评定。

（1）没有裂纹和未熔合。

（2）焊缝根部应焊透。

（3）气孔或夹渣的最大尺寸不得超过 1.5mm；当气孔或夹渣大于 0.5mm，不大于 1.5mm 时，其数量不得多于 1 个；当存在小于或等于 0.5mm 的气孔或夹渣时，其数量不得多于 3 个。

A5.3   螺柱焊试件检验

A5.3.1   试件检验方法

试件检验可采用以下任一种方法：

（1）锤击螺柱上端部，使 1/4 螺柱长度贴在试件板上。

（2）如图 A-10 所示，用套管使螺柱弯曲不小于 15°，然后恢复原位。

A5.3.2   检验内容及评定

每个螺柱的焊缝和热影响区在锤击或弯曲试

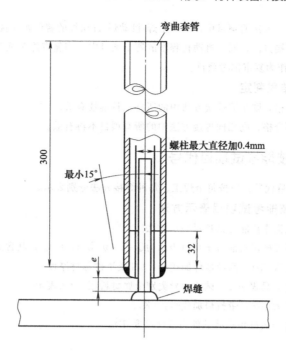

								mm
螺柱直径	3	5	6	10	13	16	20	22	25
套管间隙 e	3	3	5	6	8	9	12	12	15

图 A-10 螺柱焊弯曲试验方法简图

A6 补考规定

焊工焊接操作考试不合格者，允许在 3 个月内补考一次。每个补考项目的试件数量按表 A-12 的规定，试件检验项目、检查数量和试样数量按表 A-13 的规定。其中弯曲试验，无论一个或两个试样不合格，均不允许复验，本次考试为不合格。

A7 其他金属材料和填充金属材料考试要求

A7.1 金属材料

A7.1.1 如果不是表 A-2 中材料代号，只要其化学成分、力学性能与表 A-2 中某材料相近，考试机构在本单位使用的焊工考试实施方法中，便可以将此材料列入某材料所在的类别中。

A7.1.2 如果没有相应类别，则按本细则第三十七条规定办理。

A7.2 填充金属材料

A7.2.1 表 A-3 以外的焊条，应当按我国焊条国家标准确定其型号，由焊工考试机构根据该焊条药皮类型，在本单位使用的焊工考试实施方法中，纳入表 A-3 所在类别中。如果没有相应类别，则按本细则第三十七条规定办理。

A7.2.2 表 A-3 以外焊丝的化学成分与表 A-3 中某型号（牌号）相近，则由考试机构在本单位使用的焊工考试实施方法中，将此焊丝列入某型号（牌号）所在类别中。若没有相应类别，则按本细则第三十七条规定办理。

A8 复审抽考

A8.1 抽考方法

A8.1.1 在焊工持有项目范围内（可被替代的项目除外）抽考的项目，应包括每种焊接方法。

A8.1.2　在同一种焊接方法的项目中，按手工焊-机动焊-自动焊的替代顺序抽考。

A8.1.3　在同一种焊接方法、同一机动化程度的若干项目中，当复审焊工或其代理人在场时，由考试机构随机抽取任一项目，作为复审抽考项目。

A8.2　抽考项目结果判定

A8.2.1　抽考项目合格，则相同焊接方法中的所有项目继续有效。

A8.2.2　抽考项目不合格，则相同焊接方法中的所有项目不再有效。

A9　焊工操作技能考试项目代号

焊工操作技能考试项目代号，应按每个焊工、每种焊接方法分别表示。

A9.1　焊工操作技能考试项目表示方法

A9.1.1　手工焊焊工操作技能考试项目表示方法

A9.1.1.1　手工焊焊工操作技能考试项目表示为①-②-③-④-⑤-⑥-⑦，其含义如下：

① 焊接方法代号，见表 A-1，耐蚀堆焊加代号：（N 及试件母材厚度）。

② 金属材料类别代号，见表 A-2。试件为异类别金属材料用×/×表示。

③ 试件位置代号，见表 A-4，带衬垫加代号：（K）。

④ 焊缝金属厚度（对于板材角焊缝试件为试件厚度 T）。

⑤ 外径。

⑥ 填充金属类别代号，见表 A-3。

⑦ 焊接工艺要素代号，见表 A-5。

A9.1.1.2　操作技能考试项目中不出现某项时，则不填。

A9.1.2　焊机操作工操作技能考试项目表示方法

A9.1.2.1　焊机操作工操作技能考试项目表示为①-②-③，其含义如下：

① 焊接方法代号，见表 A-1，耐蚀堆焊加代号：（N 与试件母材厚度）。

② 试件位置代号，见表 A-4，带衬垫加代号：（K）。

③ 焊接工艺要素代号，见表 A-5。

A9.1.2.2　操作技能考试项目中不出现某项时，则不填。

A9.2　项目代号应用举例

（1）厚度为 14mm 的 Q345R 钢板对接焊缝平焊试件带衬垫，使用 J507 焊条手工焊接，试件全焊透。项目代号为 SMAW-FeⅡ-1G（K）-14-FeF3J。

（2）壁厚为 8mm、外径为 60mm 的 Q245R 钢管对接焊缝水平固定试件，背面不加衬垫，用手工钨极氩弧焊打底，背面没有保护气体，填充金属为实心焊丝，采用直流电源，反接施焊，焊缝金属厚度为 3mm。然后采用 J427 焊条手工焊填满坡口。项目代号为 GTAW-FeⅠ-5G-3/60- FeFS-02/11/13 和 SMAW-FeⅠ-5G（K）-5/60- FeF3J。

（3）板厚为 10mm 的 Q345R 钢板对接焊缝立焊试件无衬垫，采用半自动 CO_2 气体保护焊，填充金属为药芯焊丝，背面无气体保护，采用喷射弧施焊，试件全焊透。项目代号为 FCAW-FeⅡ-3G-10-FeFS-11/15。

（4）管材对接焊缝无衬垫水平固定试件，壁厚为 8mm，外径为 70mm，钢号为 16Mn，采用自动熔化极气体保护焊，使用实心焊丝，脉冲弧施焊，在自动跟踪条件下进行多道焊，试件全焊透，项目代号为 GMAW-5G-06/09/20。

（5）壁厚为 10mm、外径为 86mm 的 16Mn 钢制管材垂直固定试件，使用 A312 焊条沿圆周方向手工堆焊，项目代号为 SMAW（N10）-FeⅡ-2G-86-FeF4。

（6）管板角接头无衬垫水平固定试件，管材壁厚为 3mm，外径为 25mm，材质为 20 钢，板材厚度为 8mm，材质为 Q345R，手工钨极氩弧焊打底不加填充焊丝，采用直流电源反接，背面无气体保护，焊缝金属厚度为 2mm。然后采用自动钨极氩弧焊药芯焊丝多道焊，填满坡口，焊机无稳压系统，无自动跟踪系统，目视观察、控制。项目代号为 GTAW -FeⅠ/FeⅡ-5FG-2/25-01/11/13 和 GTAW -5FG(K)-05/07/09/19。

（7）S290 钢管外径为 320mm，壁厚为 12mm，水平固定位置，使用 E××10 焊条手工向下焊打底，背面没有衬垫，焊缝金属厚度为 4mm。然后采用药芯焊丝自动向上焊，无自动跟踪系统，进行多道多层焊填满坡口。项目代号为 SMAW-FeⅡ-5G×-4/320- FeF2 和 FCAW-5G(K)-07/09/20。

（8）板厚为 16mm 的 06Cr19Ni10 钢板，采用埋弧自动焊平焊，背面加焊剂垫，焊机无自动跟踪系统，焊丝为 H08Cr21Ni10Ti，焊剂为 HJ260，单面施焊两层，填满坡口，项目代号为 SAW-1G(K)-07/09/19。

（9）厚度 12mm 的 1060 铝板对接焊缝平焊试件，采用半自动熔化极气体保护焊、焊丝用 AlFS3 焊丝，采用直流反接，熔滴弧施焊，单面多道焊全焊透，背面有保护气体。项目代号为 GMAW-AlⅠ-1G-12-AlFS3-10/15。

（10）板厚为 10mm 的 Q345R 钢板角焊缝试件，立焊。采用半自动 CO_2 气体保护焊，背面无保护气体，填充金属为药芯焊丝，喷射弧过渡，完成试件的焊接。项目代号为 FCAW-FeⅡ-3F-10-FeFS-11/15。

附件 B 特种设备非金属材料焊工考试范围、内容、方法和结果评定

B1 适用范围

（1）本附件规定了聚乙烯焊工考试内容、方法、结果、评定及项目代号。
（2）本附件适用于特种设备用聚乙烯管道的热熔法和电熔法的焊工考试。

B2 术语

B2.1 热熔法
使用专门加热工具对非金属材料制两元件端部加热至黏流状态后，在压力下将其焊合的方法。
B2.2 电熔法
将非金属材料制电熔管件通电加热至表面熔化状态，使之与相接触的另一元件表面焊合的方法。
B2.3 焊工
从事焊接操作的人员。焊工分为手工焊焊工、机动焊焊工和自动焊焊工。机动焊焊工和自动焊焊工合称焊机操作工。
B2.4 机动焊
焊工操作焊机进行调节与控制工艺参数而完成的焊接。
B2.5 自动焊
焊机自动进行调节与控制工艺参数而完成的焊接。
B2.6 操作工
操作机动焊或自动焊设备的焊工。

B3 基本知识考试

基本知识包括以下范围：
（1）压力管道法律、法规、标准和技术条件。
（2）聚乙烯压力管道基本知识。
（3）聚乙烯材料的分类、型号、牌号、成分、使用性能，加热后特点。
（4）聚乙烯管道用焊接设备、焊接辅具、量具的种类、名称、工作原理、使用方法和维护。
（5）热熔法和电熔法的特点，焊接工艺参数，焊接操作程序。

（6）焊接缺陷种类、产生原因、危害及预防措施。

（7）聚乙烯管道焊接接头的性能及其影响因素。

（8）聚乙烯焊接质量的影响因素和控制措施。

（9）聚乙烯焊接质量的检验方法和评定规定，非破坏性检验和破坏性检验方法特点和评定规定。

（10）焊接质量管理体系、规章制度和工艺纪律。

（11）焊接作业指导书、焊接工艺评定。

（12）焊接安全知识。

（13）法规、安全技术规范有关焊接作业人员考核和管理规定。

B4 焊接操作技能考试

B4.1 焊接操作技能要素

（1）焊接方法。

（2）焊接方法的机动化程度。

（3）试件类别。

（4）试件管材外径。

B4.2 焊接操作技能要素的分类、代号

B4.2.1 焊接方法、机动化程度及代号

表 B-1 焊接方法及代号

焊接方法	代号	焊接方法	代号
热熔法	BW	电熔法	EW

焊接方法及代号见表 B-1，机动化程度及代号见表 B-2。热熔法分为机动焊和自动焊，电熔法则全为自动焊。

表 B-2 机动化程度代号

机动化程度	代号	机动化程度	代号
机动焊	J	自动焊	Z

B4.2.2 试件类别、代号

试件类别、代号见表 B-3 及图 B-1。

表 B-3 试件类别及代号

试件类别	代号	试件类别	代号
热熔对接焊小试件	d	电熔承插焊试件	B
热熔对接焊大试件	D	电熔鞍形焊试件	A
热熔三通焊试件	S		

B4.3 焊接操作技能考试规定

B4.3.1 焊接方法

变更焊接方法，需重新进行焊接操作技能考试。

B4.3.2 焊接方法的机动化程度

热熔焊机动焊操作工操作技能考试合格后，可以免除自动焊考试，反之不可。

B4.3.3 试件类别

B4.3.3.1 热熔法操作工操作技能考试。

（1）在机动焊范围内，热熔对接焊小试件考试合格后，其余热熔法试件合格项目方有效。

（2）三通焊试件考试合格后，焊接多角焊焊件、对接焊焊件和四通焊焊件，不需要重新进行考试。

B4.3.3.2 操作工操作技能考试试件类别，由考试机构确定。改变试件类别，不需要重新进行焊接操作技能考试。

B4.3.4 试件尺寸与焊件尺寸

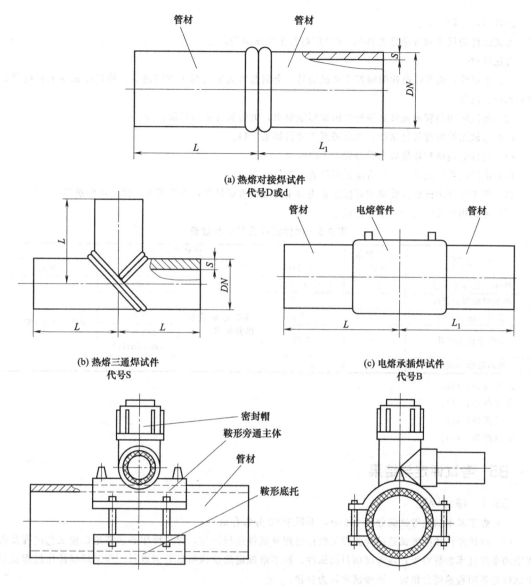

(a) 热熔对接焊试件
代号D或d

(b) 热熔三通焊试件
代号S

(c) 电熔承插焊试件
代号B

(d) 电熔鞍形焊试件(旁通式)
代号A

图 B-1　试件类别及代号

操作工经操作技能考试合格后，适用于焊件的尺寸范围见表 B-4。

表 B-4　试件尺寸与焊件尺寸　　　　　　　　　　mm

试件类别	试件尺寸		适用于焊件尺寸范围	
	外径 DN	壁厚 S	外径 DN	壁厚 S
热熔对接焊小试件	$110 \leqslant DN \leqslant 250$	$\geqslant 6$	$\leqslant 250$	不限
热熔对接焊大试件	$\geqslant 315$	—	>250	不限
热熔三通焊试件	$\geqslant 315$	—	不限	不限
电熔承插焊试件	$\geqslant 63$	$DN = 63$（按 SDR11）	不限	不限
电熔鞍形焊试件	$\geqslant 110$	—	不限	不限

B4.4　焊接操作技能考试方法

试件准备：

试件的尺寸和数量：

考试试件的尺寸和数量见表 B-5，试件用材料由考试机构指定。

考试要求：

(1) 考试前，由考试机构编制焊工考试编号，会同监考人员与焊工共同确认，并且在试件上标注考试编号和项目代号。

(2) 考试所用的管道元件必须符合国家标准要求，电熔管件应当是原包装。

(3) 考试用的所有管材试件，由应考焊工进行切割下料。

(4) 试件的规格和数量应当符合表 B-5 的要求。

(5) 电熔法焊接之前，仔细清除被焊管表面的氧化皮。

(6) 焊工应按考试机构提供的焊接作业指导书、焊接考试试件，不得多焊试件，从中挑选。

(7) 考试用焊机应处于正常工作状态。

表 B-5　试件的规格尺寸和数量

试件类别	试件数量不少于	试件尺寸/mm				
		外径(DN)	L	L_1	壁厚(S)	材料
热熔对接焊小试件	2①	110≤DN≤250	当满足安装和试验要求			≥6	PE80 或者 PE100
热熔对接焊大试件	2①	≥315			—	
热熔三通焊试件	1②	≥315				
电熔承插焊试件	2③	≥63			$DN=63$（按 SDR11）	
电熔鞍形焊试件	1④	≥110				

① 见图 B-1 (a)。

② 见图 B-1 (b)。

③ 见图 B-1 (c)。

④ 见图 B-1 (d)。

B5　考试评定与结果

B5.1　综合评定

(1) 焊工基本知识考试满分为 100 分，不低于 60 分为合格。

(2) 焊接操作技能考试通过检验焊工操作过程及试件进行评定，焊工操作必须满足焊接工艺过程及所要求的全部技术参数要求；各考试项目的试件，按本章规定的检验项目分别进行。焊工焊接操作过程及每个试件的各项检验均合格时，该考试项目为合格。

B5.2　试件检验

B5.2.1　一般要求

(1) 每个试件须先进行外观检查，合格后再进行破坏性检验。

(2) 破坏性检验应在焊接完成 24h 后，在 23℃±2℃ 条件下最少进行 6h 的状态调节后才可进行。

B5.2.2　试件的检验项目、检验数量和试样数量见表 B-6。

表 B-6　试件检验项目、检验数量和试样数量

试件类别	宏观(外观)检查	拉伸性能试验	挤压剥离试验	拉伸剥离试验	撕裂剥离试验	耐压(静液压强度)试验
热熔对接焊试件	2件	任取1件	—	—	—	—
热熔三通焊试件	1件	—	—	—	—	取1件
电熔承插焊试件	2件	—	$DN<90mm$ 任取1件	$DN≥90mm$ 任取1件	—	—
电熔鞍形焊试件	1件	—	$DN≤225mm$	—	$DN>225mm$	—

B5.2.3　外观检查

B5.2.3.1　外观检查方法。

外观检查采用目视或者 5 倍放大镜进行。

B5.2.3.2　外观检查的基本要求。

（1）卷边表面应是焊后原始状态，表面没有经加工修磨。

（2）属于一个考试项目的所有试件外观检查结果均符合各项要求，该项目试件的外观检查为合格，否则为不合格。

B5.2.3.3　热熔焊试件外观检查内容及评定。

（1）焊后状态的表面缺陷。

卷边应沿整个外圆周平滑对称，尺寸均匀、饱满、圆润。翻边不得有切口或者缺口状缺陷，不得有明显的海绵状浮渣出现，无明显的气孔，不得有明显的二次卷边现象。

（2）焊后状态的外形尺寸。

① 外卷边（图 B-2）的中心高度 K 值必须大于零。

② 焊接处的错边量不得超过管材壁厚的 10%。

B5.2.3.4　电熔焊试件外观检查内容及评定。

（1）承插焊试件。

① 电熔管件应当完整无损，无变形及变色。

② 从观察孔应当能看到少量的聚乙烯顶出，但是顶出物不得呈流淌状，焊接表面不得有熔融物溢出。

③ 电熔管件承插口应当与焊接的管材保持同轴。

④ 检查电熔管件端口处管材，插口管材应有明显圆周状刮削痕迹和管件位置标志。

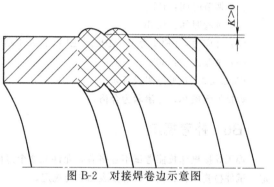

图 B-2　对接焊卷边示意图

（2）鞍形焊试件。

① 电熔鞍形管件与管材焊接后，不得有熔融物流出管件表面，从观察孔应当能看到有少量的聚乙烯顶出，但是顶出物不得呈流淌状。

② 电熔鞍形管件应当与管材轴向垂直。

③ 鞍形管件焊接处应有明显圆周状刮削痕迹和管件位置标志。

B5.2.4　拉伸性能试验。

B5.2.4.1　试验方法。

试验方法按 GB/T 19810《聚乙烯（PE）管材和管件　热熔对接接头　拉伸强度和破坏形式的测定》规定。

B5.2.4.2　试验结果及评定。

拉伸试验到破坏为止。断口呈韧性时为合格；呈脆性时为不合格。

B5.2.5　挤压剥离试验

B5.2.5.1　试验方法。

试验方法按 GB/T 19806《塑料管材和管件　聚乙烯电熔组件的挤压剥离试验》规定。

B5.2.5.2　试验结果及评定。

剥离脆性破坏百分比小于或等于 33.3% 时为合格。

B5.2.6　拉伸剥离试验

B5.2.6.1　试验方法。

试验方法按 GB/T 19808《塑料管材和管件　公称外径大于或等于 90mm 的聚乙烯电熔组件的拉伸剥离试验》规定。

B5.2.6.2　试验结果及评定。

剥离脆性破坏百分比小于或等于 33.3% 时为合格。

B5.2.7　撕裂剥离试验

B5.2.7.1　试验方法。

试验方法按 TSG D2002－2006《燃气用聚乙烯管道焊接技术规则》附件 H 撕裂剥离试验方法规定。

B5.2.7.2　试验结果及评定。

剥离脆性破坏百分比小于或等于 33.3％时为合格。

B5.2.8　耐压（静液压强度）试验

B5.2.8.1　试验方法。

试验方法按 GB/T 6111《流体输送用热塑性塑料管材耐内压试验方法》规定。

B5.2.8.2　试验参数。

(1) 密封接头：a 型。

(2) 方向：任意。

(3) 调节时间：12h。

(4) 试验时间：165h。

(5) 环应力：PE80 为 4.5MPa、PE100 为 5.4MPa。

(6) 试验温度：80℃。

B5.2.8.3　试验结果及评定。

焊接处无破坏，无渗漏为合格。

B6　补考规定

焊工焊接操作技能考试不合格者，允许在 3 个月内补考一次。每个补考项目的试件数量按表 B-5 的规定，试件检验项目、检查数量按表 B-6 的规定。

B7　复审抽考

B7.1　抽考方法

B7.1.1　在焊工持有项目范围内（可被替代的项目除外）抽考的项目，应当包括每种焊接方法。

B7.1.2　在同一种焊接方法的项目中，按机动焊-自动焊的替代顺序抽考。

B7.1.3　在同一种焊接方法、同一机动化程度的若干项目中，当复审焊工或其代理人在场时，由考试机构随机抽取任一项目，作为复审抽考项目。

B7.2　抽考项目结果判定

B7.2.1　抽考项目合格，则相同焊接方法中的所有项目继续有效。

B7.2.2　抽考项目不合格，则相同焊接方法中的所有项目不再有效。

B8　焊工操作技能考试项目代号

B8.1　焊工操作技能考试项目表示方法

B8.1.1　考试项目表示方法为①-②-③，其含义如下：

① 焊接方法代号见表 B-1。

② 机动化程度代号见表 B-2。

③ 试件类别代号见见表 B-3。

B8.1.2　考试项目中不出现某项时，则不填。

B8.2　考试项目代号应用举例

(1) 某焊工考试使用电熔管件，将两段 SDR11 管材，公称直径 DN110mm，壁厚 10.0mm 焊合在一起。项目代号：EW-Z-B。

(2) 某焊工考试使用 SDR17.6 管材对接，公称直径 DN250mm，壁厚 14.2mm，夹入热熔焊机，手持压力把，待液压拖力稳定后，在规定时间内移开热源，完成了焊接操作技能考试。项目代号：BW-J-d。

附件C 特种设备焊接操作人员考试申请表

申请人姓名		性 别		照片
申请考试性质	□首次考试；□重新考试；□补考；□增项；□抽考			
通信地址				
文化程度		邮政编码		
身份证号码		联系电话		
申请操作技能考试项目				
用人单位（或者培训机构）				
单位地址				
单位联系人		联系电话		

是否委托考试机构办理取证手续：□是 □否

工作简历	
用人单位（或者培训机构）意见	申请人安全教育和培训情况： 申请人独立承担焊接工作的能力： （单位公章） 年 月 日
相关材料	□身份证（复印件，1份） □1寸正面近期免冠照片（2张） □毕业证书（复印件）或者学历证明（1份） □医疗卫生机构出具的含有视力、色盲等内容的身体健康证明 声明：本人对所填写的内容和所提交材料的真实性负责 申请人（签字）： 日期：

注：用人单位（或培训机构）应当明确申请人经过安全教育和培训情况，并且确认申请人独立承担焊接工作的能力。

附件 D　特种设备焊工考试基本情况表

姓　名		性　别	
身份证号码		焊工考试编号	
首次取得焊工合格证时间		考试性质	□首次考试；□重新考试； □补考；□增项；□抽考
重考原因			

基本知识考试	考试日期			
	考试内容	焊接方法	试卷编号	
		母材种类	考试成绩	

操作技能考试	时间	项目代号	监考人员	考试结果

说明

（考试机构盖章）

主任：　　　　日期：

注：1. 当焊接设备及仪表、试件用母材、焊材及烘干、试件加工及尺寸、检验人员资质、焊工执行焊接工艺、考场纪律都合格时，监考人员才能签字确认。

2. 对于第二次及以后复审考试项目，应当说明适用于该焊工证上未考的项目范围。

附件 E 特种设备金属材料焊工焊接操作技能考试检验记录表

姓名：　　　　　　　　　　　焊工考试编号：

焊接方法		机动化程度		□自动焊；□机动焊； □手工焊
焊接作业指导书 编号		试件金属材料类别 代号		
试件板材厚度		试件管材外径 与壁厚		
螺柱直径		填充金属材料 类别代号与型号		
考试项目代号				

试件外观检查

焊缝表面状况	焊缝余高	焊缝余高差	比坡口每侧 增宽	宽度差	焊缝边缘 直线度
背面焊缝余高	裂纹	未熔合	夹渣	咬边	未焊透
背面凹坑	气孔	焊瘤	变形角度	错边量	

角焊缝凹凸度	焊脚	堆焊焊道接头不平度	堆焊焊道高度差	堆焊凹下量

外观检查结果：(合格、不合格)

　　　　　　　　　　　　　　　　　检验员：　　　　日期：

无损检验

射线透照质量等级	焊缝缺陷等级	报告编号及日期	结果
			(合格、不合格)
渗透检测方法	渗透检测结果	报告编号及日期	结果
			(合格、不合格)

　　　　　　　　　　　　无损检测人员：　　　　日期：
无损检测人员证书号：

续表

弯曲试验

面弯	背弯	侧弯	报告编号及日期	结果
				（合格、不合格）

检验员：　　　　　　日期：

金相检验（宏观）

检验结果				报告编号及日期	结果
金相面Ⅰ	金相面Ⅱ	金相面Ⅲ	金相面Ⅳ		
					（合格、不合格）

检验员：　　　　　　日期：

螺柱折弯试验

折弯方法	检验结果					报告编号及日期	结果
	试件Ⅰ	试件Ⅱ	试件Ⅲ	试件Ⅳ	试件Ⅴ		
							（合格、不合格）

检验员：　　　　　　日期：

　　本焊工考试机构确认该焊工按《特种设备焊接操作人员考核细则》进行焊接操作技能考试试件检验，数据正确，记录无误。

　　该项目焊接操作技能考试结果评为：（合格、不合格）

（公章）

考试机构技术负责人：　　　　　　日期：

附件 F　特种设备非金属材料焊工焊接操作
技能考试检验记录表（PE 管）

姓名：　　　　　　　　　　　焊工考试编号：

焊接方法	□热熔焊对接；□热熔焊三通	机动化程度	□机动；□自动
	□电熔焊承插；□电熔焊鞍形		□自动

焊机名称	热熔焊机		型号	
	电熔焊机		型号	

管材	规格：			
	材料级别	□PE80；□PE100	标准尺寸比	□SDR11；□SDR17.6

管件	规格：			
	材料级别	□PE80；□PE100	标准尺寸比	□SDR11；□SDR17.6

热熔焊接　　　　试件编号：

项目号	评定项目	评定结果	项目号	评定项目	评定结果
1	焊接前准备	□合格；□不合格	4.1	测量拖动压力	MPa
1.1	清洁接头		4.2	检查间隙	mm
1.2	测量电压	V	4.3	检查错边	
1.3	热板检查		4.4	检查夹紧	
1.4	热板预热（10min）		5	端面平整吸热	□合格；□不合格
2	装夹焊件	□合格；□不合格	5.1	端面平整压力	MPa
2.1	设置吸热/冷却时间	s/ min	5.2	圆周卷边	
2.2	清洁管表面		5.3	吸热计时	s
3	铣削焊接面	□合格；□不合格	6	切换对接	□合格；□不合格
3.1	放铣刀、锁安全锁		6.1	切换时间	s
3.2	形成连续屑		6.2	冷却计时	min
3.3	降压、开机架、停刀		7	拆卸	□合格；□不合格
3.4	清屑		7.1	降压松夹具	
4	测拖动压力及检查	□合格；□不合格			

续表

电熔焊接　　　　　　　　试件编号：

项目号	评定项目	评定结果	项目号	评定项目	评定结果
1	焊接前准备		4	去氧化皮	
1.1	测量电压	V	5	承插管件及轴线	
1.2	辅具准备		6	手动或自动模式	
2	管材截取		7	输入焊接参数	
3	划线		8	冷却时间	min

热熔焊试件宏观(外观)检查			电熔焊试件焊缝宏观(外观)检查		
项目号	检查项目	检查结果	项目号	检查项目	检查结果
1	焊缝圆周卷边		1	插入深度	
2	焊缝中心高度	mm	2	同轴度	
3	是否有浮渣		3	刮氧化皮	
4	是否有缺口		4	观察孔	
5	冷却时间		5	熔融材料流出	
6	错边量	min			
7	磕碰痕迹	mm			

热熔焊接宏观(外观)检查结果： □合格;□不合格	电熔焊接宏观(外观)检查结果： □合格;□不合格

备注(不正常情况记载)：

热熔焊接过程的评定结果：□合格;□不合格

　　　　　　　　　　　　　　　　　　　　　　评定人员(签字)：　　　　日期：

电熔焊接过程的评定结果：□合格;□不合格

　　　　　　　　　　　　　　　　　　　　　　评定人员(签字)：　　　　日期：

热熔对接焊试件拉伸试验

试件编号		报告编号	
试验日期		试样编号	□□-1;□□-2;□□-3
检测结果		试验结论	□合格;□不合格
检验员:		日期:	

热熔三通焊试件耐压试验

试件编号		报告编号	
试验日期		试样编号	□□-1;□□-2;□□-3
检测结果		试验结论	□合格;□不合格
检验员:		日期:	

电熔承插焊试件挤压剥离试验($DN<90$mm)

试件编号		报告编号	
试验日期		试样编号	□□-1;□□-2;□□-3
检测结果		试验结论	□合格;□不合格
检验员:		日期:	

电熔承插焊试件拉伸剥离试验($DN\geq90$mm)

试件编号		报告编号	
试验日期		试样编号	□□-1;□□-2;□□-3
检测结果		试验结论	□合格;□不合格
检验员:		日期:	

电熔鞍形焊试件挤压剥离试验($DN\leq225$mm)

试件编号		报告编号	
试验日期		试样编号	□□-1;□□-2;□□-3
检测结果		试验结论	□合格;□不合格
检验员:		日期:	

电熔鞍形焊试件撕裂剥离试验($DN>225$mm)

试件编号		报告编号	
试验日期		试样编号	□□-1;□□-2;□□-3
检测结果		试验结论	□合格;□不合格
检验员:		日期:	

本考试机构确认该焊工的焊接操作技能考试和检验的数据正确,记录无误。

该项目焊接操作技能考试结果评为(合格,不合格)。

考试机构(公章)

评定人员:	日期:	考试机构技术负责人:	日期:

附:试验报告。

附件 G　特种设备焊接操作人员复审申请表

申请人姓名		性　别		照片
通信地址				
文化程度		邮政编码		
身份证号码		联系电话		
原发证机关				
发证机关地址				
证书编号		发证日期		

申请复审考试项目	上次考试时间	申请复审考试项目	上次考试时间

是否委托考试机构办理复审手续:□是 □否

用人单位		
单位地址		
单位联系人		联系电话
工作简历		

用人单位 (或者培训机构)意见	申请人安全教育和培训: 申请人违规、违法等不良记录: (公章) 年　月　日

相关材料	①《特种设备作业人员证》(原件); ②《特种设备焊工焊绩记录表》(原件); ③医疗卫生机构出具的含有视力、色盲等内容的身体健康证明(原件); ④焊工焊接操作技能考试检验记录表(原件)。 声明:本人对所填写的内容和所提交材料的真实性负责。 申请人(签字):　　　日期:

注:1. 用人单位 (或者培训机构) 应当明确申请人经过安全教育和培训情况,并且确认申请人是否有违规、违法等不良记录。

2. 如果申请复审作业项目较多,可以另附页。

附件H 特种设备焊工焊绩记录表

单位：_____

焊工姓名：_____ 《特种设备作业人员证》编号：_____

记录表编号：

产品名称及编号	焊缝编号	合格项目代号	填表人及施焊日期
			月　日
			月　日
			月　日
			月　日
			月　日
			月　日
			月　日

违规、违法记录

焊接检验员：　　　　　焊接责任工程师：

日期：　　　　　　　　日期：

参 考 文 献

[1]　顾纪清，阳代军主编. 管道焊接技术. 北京：化学工业出版社，2005.

[2]　李建军主编. 管道焊接技术. 北京：石油工业出版社，2007.

[3]　李荣雪主编. 焊接检验. 北京：机械工业出版社，2007.

[4]　李家伟，陈积懋主编. 无损检测手册. 北京：机械工业出版社，2004.

[5]　薛振奎，尹长华，隋永莉等. 长输管道安装焊接工艺选择综述 [J]. 能源工程焊接国际论坛，2005.

[6]　孟庆鑫，弓海霞，张岚等. 管道对口器技术发展概述及方案研究 [J]. 船舶工程，2004，26（3）.

[7]　曾惠林，闫政，张锋. 管道气动内对口器研究与应用 [J]. 电焊机，2004，34（7）.

[8]　闫政，梁君直，陈江. PAW 2000 管道全位置自动焊机 [J]. 电焊机，2005，35（6）.

[9]　张锋，梁君直. 大口径管道管端坡口整形机 [J]. 石油工程建设，2002，3.

[10]　赵熹华主编. 焊接检验. 北京：机械工业出版社，2005.